STRÖMUNGEN EINER REIBUNGSFREIEN FLÜSSIGKEIT BEI ROTATION FESTER KÖRPER

BEITRÄGE ZUR TURBINENTHEORIE

VON

W. KUCHARSKI
INGENIEUR IN HAMBURG

MIT 61 TEXTABBILDUNGEN

MÜNCHEN UND BERLIN 1918
DRUCK UND VERLAG VON R. OLDENBOURG
By

Inhaltsverzeichnis.

Einleitung.

In den folgenden fünf Kapiteln werden einige Aufgaben der Turbinentheorie vom Standpunkt der theoretischen Hydrodynamik reibungsfreier Flüssigkeiten behandelt. Die Schaufelräder erscheinen dabei ganz allgemein als feste Körper von besonderer Gestalt, die in der Flüssigkeit rotieren, dabei in ihr neue Strömungen hervorrufen oder schon vorhandene verändern und im Verlauf dieser Strömungen Energie auf die Flüssigkeit übertragen oder von ihr aufnehmen.

Aus dieser Auffassung heraus werden in Kapitel II die Energieverhältnisse bei der Bewegung fester Körper auf allgemeiner Grundlage untersucht. Die gefundenen Beziehungen, die nach entsprechender Vereinfachung naturgemäß auf die sog. Hauptgleichung der Turbinentheorie führen, werden dann auf ein Beispiel angewendet, das einerseits ohne allzu umfangreiche Rechnungen exakt durchgeführt werden kann, anderseits trotz seiner Einfachheit alle wesentlichen Eigenschaften eines Turbinenrades besitzt. Hierfür wurde die zweidimensionale Platte gewählt, die um die eine Kante rotiert und als einfachstes Schaufelrad mit einer radialen Schaufel aufgefaßt werden kann. Für diese Platte sind sämtliche möglichen Strömungen bekannt. Der Einfluß der einzelnen Anteile (zirkulationsfreie Strömung infolge der Rotation; Zirkulation, Radialströmung) auf das Energiefeld wird zahlenmäßig festgestellt und so an einem praktischen Beispiel die bekannten Sätze über den Zusammenhang zwischen Zirkulation und Querkraft in der für die Turbinentheorie erforderlichen Weise erklärt. Der ausschlaggebende Einfluß der Reibung auf die Entstehung des Energiefeldes mit endlichen und dauernden Niveaudifferenzen wird unter Hinweis auf die entsprechende Literatur ebenfalls kurz dargestellt, so daß ein ziemlich vollständiges Bild der allgemeinen zur Energieübertragung notwendigen Verhältnisse entsteht.

In Kapitel III werden dann die Eigenschaften der stationären Relativströmung, bezogen auf einen mit dem Schaufelrade rotierenden Raum, ausführlich behandelt. Dabei wird nach Möglichkeit an die für die Strömung in feststehenden Kanälen vorhandenen Anschauungen angeknüpft mit dem Ziel, auch für die vielfach vollkommen abweichenden Verhältnisse der Relativströmung ein ähnliches Gefühl zu erreichen, ohne das in der Technik bei ihren oft unzähligen einander widersprechenden Forderungen nicht auszukommen ist. Die Resultate dieses Kapitels dürften teilweise neuartig sein und einer gewissen Wichtigkeit nicht entbehren, obwohl sie lediglich für die reibungsfreie Flüssigkeit abgeleitet sind. Auf alle Fälle stellen die gefundenen Strömungen den Ausgangspunkt für die tatsächlich zu erwartenden dar. Die ausführliche Untersuchung der Leistungsverhältnisse bei dem abgeschlossenen Kreissektor, der sich rechnerisch vollkommen behandeln läßt, führt zum Schluß zu einer allerdings mehr schätzungsweisen Ermittelung des Strömungsbildes für einen Schaufelstern, der aus einer Anzahl von radialen Schaufeln endlicher Länge besteht und in der unendlichen Flüssigkeit rotiert. Dieser Fall zeigt bereits sämtliche charakteristischen Eigenschaften eines ausführbaren Turbinenrades und erlaubt auch eine verhältnismäßig einfache experimentelle Prüfung der gewonnenen Resultate.

Es erschien notwendig, diesen beiden Kapiteln eine kurze Darlegung des Zusammenhanges zwischen Strömungsenergie und Wirbelverteilung vorauszuschicken und dadurch eine sichere Grundlage für die notwendige und berechtigte Annahme der Wirbelfreiheit zu gewinnen. Obgleich Neues hier kaum gebracht wird, sind die Abschnitte vielleicht doch hier und da willkommen und tragen ev. dazu bei, die Unsicherheit, die über diese Fragen bei nichtstationären Strömungen noch besteht — und nicht nur in elementaren Lehrbüchern — zu beseitigen. Dabei bietet sich auch die Gelegenheit, auf den verbreiteten Irrtum einzugehen, die Wirbelfreiheit sei eine Eigenschaft des von der Flüssigkeit durchströmten Raumes und hänge mit der Form seiner Wandungen zusammen, ein Irrtum, der der Technik manche verfehlten Theorien gebracht hat.

In Kapitel IV wird dann eine Analogie, die Prandtl für das Torsionsproblem zylindrischer Stäbe angegeben hat, auf die Strömungslehre wirbelfreier und wirbelbehafteter Flüssigkeiten ausgedehnt; Kapitel V bringt, mehr als Anhang, einige Notizen über die Strömung in Spiralgehäusen.

Ein Teil der benutzten Literatur ist im Text angegeben; eine auch nur annähernde Vollständigkeit in diesen Angaben ist nicht angestrebt.

Die Veröffentlichung hat den Zweck, den Bedürfnissen der Technik zu dienen. Sie verzichtet daher von vornherein auf den Anspruch, die angeschnittenen Fragen vom mathematischen Standpunkt aus allgemein, korrekt und vollständig zu erledigen; ihr Hauptziel ist, von den behandelten Verhältnissen klare, wenn möglich unmittelbare physikalische Anschauungen herauszuarbeiten.

Die Rechnungen sind fast durchweg mit dem normalen Rechenschieber von 25 cm Länge durchgeführt, nur in besonderen Fällen wurde ein solcher von doppelter Länge benutzt.

Den größten Teil der Grundlagen und manche erste Anregung zu den durchgearbeiteten Gedanken verdanke ich Herrn Professor Dr. H. Föttinger, dessen Belehrung und Mitarbeit mir jahrelang vergönnt war.

Die Direktion meiner Firma, der Vulkan-Werke, Hamburg, hat in dankenswerter Weise die Veröffentlichung von Resultaten gestattet, die eng mit meiner Berufstätigkeit zusammenhängen und zum Teil während derselben gefunden sind. Besonders bin ich Herrn Direktor Dr. G. Bauer für seine Anteilnahme an dem Zustandekommen dieser Veröffentlichung zu Dank verpflichtet.

I. Strömungsenergie und Wirbelverteilung.

1. Als mathematische Grundlage für die folgenden Betrachtungen werden die Eulerschen Gleichungen benutzt, die bekanntlich den Strömungszustand in einem Punkt als Funktion der Zeit und der Koordinaten dieses Punktes beschreiben[1]). Die Flüssigkeit wird als vollkommen reibungsfrei und unzusammendrückbar angenommen; eine etwaige Abweichung von diesen Voraussetzungen wird da, wo sie notwendig werden sollte, besonders hervorgehoben werden.

Das zur vollständigen örtlichen Orientierung notwendige und ausreichende dreiachsige rechtwinklige Koordinatensystem wird so gelegt, daß sein Ursprung mit dem beliebig herausgegriffenen Punkt A innerhalb der Flüssigkeit, dessen Strömungszustand näher untersucht werden soll, zusammenfällt; die eine der Achsen wird in die Richtung der augenblicklichen Geschwindigkeit in dem betreffenden Punkte gelegt, die zweite, dazu senkrechte, in die Richtung der Hauptnormalen zu der augenblicklichen Stromlinie durch den Punkt A; die dritte fällt dann in die Richtung der Binormalen der Stromlinie. Als Stromlinien werden diejenigen Kurven bezeichnet, die in einem gegebenen Augenblick in jedem Punkte die Richtung der Geschwindigkeit haben. Bei einer Strömung, deren Geschwindigkeiten an jedem Punkte zeitlich veränderlich sind, wechseln auch die Stromlinien in jedem Augenblick ihre Form und ihre Lage; die ganze Betrachtung bezieht sich zunächst lediglich auf den einen einzigen Augenblick.

---

[1]) S. hierüber z. B. Föppl, Technische Mechanik, Band IV §§ 49 und 50.

Das so gewählte Koordinatensystem wird als das für die Stromlinien natürliche Koordinatensystem bezeichnet. Seine Benutzung bietet den Vorteil, daß die Strömungsgeschwindigkeit direkt in die Richtung einer Achse fällt; man ist also nicht gezwungen, lediglich mit den Geschwindigkeitskomponenten zu arbeiten, sondern behält wenigstens in der einen Richtung die Geschwindigkeit selbst bei; ferner sind die Richtungen in einer anschaulichen und leicht faßbaren Weise orientiert. Die ganze Darstellung erhält die begriffliche Anschaulichkeit der Vektorrechnung, ohne die besonderen Rechnungszeichen und -vorschriften, die für diese notwendig sind, deren Benutzung, wenn sie ohne Störung der Vorstellung erfolgen soll, eine Gewöhnung und Gewandtheit voraussetzt, wie sie auch heute wohl noch nicht allgemein verbreitet ist.

Diese natürlichen Koordinaten sind von Mises[1]) in seiner »Theorie der Wasserräder« umfassend benutzt, nachdem wohl zuerst Grashof in seiner theoretischen Maschinenlehre ihre vorteilhafte Verwendung für den Ingenieur gezeigt hat. Eine gewisse Vorsicht bei ihrer Verwendung ist selbstredend auch geboten. Die Dissertation von G. Flügel[2]) befaßt sich mit allen theoretischen Einzelheiten solcher Koordinatensysteme; der Hinweis hierauf genügt für die hier vorliegenden Zwecke, da bei den folgenden Ableitungen keine besonderen Schwierigkeiten auftreten werden.

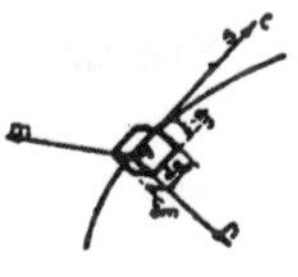
Fig. 1.

Das Längenelement in der Geschwindigkeitsrichtung sei ds, das in der Hauptnormalenrichtung dn, das dritte, in Richtung der Binormalen dm. (Fig. 1.) Die Geschwindigkeit in A sei c, der Flüssigkeitsdruck p. Von äußeren Massenkräften kommt lediglich die Schwerkraft in Frage, deren Wirkung mit derjenigen des Druckes vereinigt werden kann; p soll also den von der Erdschwere herrührenden Betrag der Wechselwirkung zwischen benachbarten Flüssigkeitsteilchen bereits enthalten. Die konstante spezifische Masse

---

[1]) Mises, Theorie der Wasserräder, Teubner, Leipzig 1908.

[2]) G. Flügel: Ein neues Verfahren zur graphischen Integration etc. Oldenbourg 1914.

sei μ; etwaige Komponenten von c in der dn- bzw. dm-Richtung werden mit c^n bzw. c^m bezeichnet; t ist die Zeit, von einem beliebigen Nullpunkt gezählt.

Als Ausdruck von: Kraft gleich Masse mal Beschleunigung ergeben sich dann in der als bekannt vorausgesetzten Weise folgende drei Gleichungen:

$$\frac{dc}{dt} = -\frac{1}{\mu}\frac{\partial p}{\partial s} \quad \ldots\ldots \quad (1)$$

$$\frac{dc^n}{dt} = -\frac{1}{\mu}\frac{\partial p}{\partial n} \quad \ldots\ldots \quad (2)$$

$$\frac{dc^m}{dt} = -\frac{1}{\mu}\frac{\partial p}{\partial m} \quad \ldots\ldots \quad (3)$$

Die Beschleunigungskomponenten $\frac{dc}{dt}$, $\frac{dc^n}{dt}$ und $\frac{dc^m}{dt}$ des in dem betrachteten Punkte A befindlichen Teilchens setzen sich in der bekannten Weise aus der lokalen und der stationären Änderung von c bzw. c^n und c^m zusammen; es ist nämlich:

$$\frac{dc}{dt} = \frac{\partial c}{\partial t} + c\frac{\partial c}{\partial s}; \quad \frac{dc^n}{dt} = \frac{\partial c^n}{\partial t} + c\frac{\partial c^n}{\partial s}$$

und

$$\frac{dc^m}{dt} = \frac{\partial c^m}{\partial t} + c\frac{\partial c^m}{\partial s}.$$

Hiermit erhält man:

$$\frac{\partial c}{\partial t} + c\frac{\partial c}{\partial s} = -\frac{1}{\mu}\frac{\partial p}{\partial s} \quad \ldots\ldots \quad (4)$$

$$\frac{\partial c^n}{\partial t} + c\frac{\partial c^n}{\partial s} = -\frac{1}{\mu}\frac{\partial p}{\partial n} \quad \ldots\ldots \quad (5)$$

$$\frac{\partial c^m}{\partial t} + c\frac{\partial c^m}{\partial s} = -\frac{1}{\mu}\frac{\partial p}{\partial m} \quad \ldots\ldots \quad (6)$$

Es könnte befremden, daß die Gleichungen (5) und (6) noch die Größen c^n und c^m enthalten, wenigstens ihre Ableitungen, obwohl diese Komponenten in dem zugrundegelegten Koordinatensystem Null sind. Dies ist ohne Zweifel der Fall für den betreffenden Zeitmoment und in dem betreffenden Punkte selbst; nach Verlauf von dt wird aber im allgemeinen in dem betrachteten Punkte eine Änderung von c auch in

Richtung senkrecht zu ds eingetreten sein; ebenso wird auch die Geschwindigkeit in dem um ds entfernten Punkte eine wenn auch von erster Ordnung kleine Komponente c^n besitzen. Dagegen ist c^m tatsächlich Null zu setzen. Man sieht dies sofort ein, wenn man sich erinnert, wie die Richtung von dm festgelegt ist: Der Hauptkrümmungsradius der als Raumkurve aufzufassenden Stromlinie, und damit auch die Richtung von dn, liegt in einer Ebene, die durch drei aufeinanderfolgende Punkte der Stromlinie bestimmt ist, in der dm-Richtung ist also längs der Strecke ds überhaupt keine Bewegung vorhanden, es ist sowohl c^m als auch $\frac{\partial c^m}{\partial s}$ Null zu setzen.

Die Gleichungen erhalten also die Form:

$$\frac{\partial c}{\partial t} + c\frac{\partial c}{\partial s} = -\frac{1}{\mu}\frac{\partial p}{\partial s} \quad \ldots \ldots \ldots (7)$$

$$\frac{\partial c^n}{\partial t} + c\frac{\partial c^n}{\partial s} = -\frac{1}{\mu}\frac{\partial p}{\partial n} \quad \ldots \ldots \ldots (8)$$

$$\frac{\partial c^m}{\partial t} = -\frac{1}{\mu}\frac{\partial p}{\partial m} \quad \ldots \ldots \ldots (9)$$

2. Diese Gleichungen enthalten nun noch nicht die Größe, die in der Technik eine Hauptrolle spielt, nämlich die »Strömungsenergie« vom Betrage:

$$H = \frac{p}{\gamma} + \frac{c^2}{2g} \quad \ldots \ldots \ldots (10)$$

Hierin bedeutet γ das spezifische Gewicht der Flüssigkeit, g die Beschleunigung der Erdschwere; es ist:

$$\frac{\gamma}{g} = \mu.$$

Die Einführung von H in die Gleichungen (7) bis (9) gelingt durch Elimination von p[1]). Durch Differenzieren

[1]) Die Art und Weise, in der H in die Rechnung eingeführt wird, ist dieselbe wie bei Mises, l. c. §§ 1 und 2.

von (10) nach den drei Richtungen ds, dn und dm erhält man:

$$\frac{\partial H}{\partial s} = \frac{1}{\gamma}\frac{\partial p}{\partial s} + \frac{1}{g} c \frac{\partial c}{\partial s} \cdots$$

$$\frac{\partial H}{\partial n} = \frac{1}{\gamma}\frac{\partial p}{\partial n} + \frac{1}{g} c \frac{\partial c}{\partial n} \cdots$$

$$\frac{\partial H}{\partial m} = \frac{1}{\gamma}\frac{\partial p}{\partial m} + \frac{1}{g} c \frac{\partial c}{\partial m} \cdots$$

Setzt man die hieraus folgenden Werte von $\frac{\partial p}{\partial s}$, $\frac{\partial p}{\partial n}$ und $\frac{\partial p}{\partial m}$ in die Gleichungen (7) bis (9) ein, so erhält man:

$$\frac{\partial c}{\partial t} + g\frac{\partial H}{\partial s} = 0 \quad \ldots \quad (11)$$

$$\frac{\partial c^n}{\partial t} + g\frac{\partial H}{\partial n} - c\left(\frac{\partial c}{\partial n} - \frac{\partial c^n}{\partial s}\right) = 0 \quad \ldots \quad (12)$$

$$\frac{\partial c^m}{\partial t} + g\frac{\partial H}{\partial m} - c\frac{\partial c}{\partial m} = 0 \quad \ldots \quad (12\text{a})$$

Gleichung (11) zeigt sofort das bekannte Resultat, daß bei stationärer Strömung die Strömungsenergie längs einer Stromlinie konstant ist, da hierbei $\frac{\partial c}{\partial t} = 0$; die Gleichungen (12) und (12a) geben den Zusammenhang zwischen der Änderung der Strömungsenergie senkrecht zur Stromlinie, dem lokalen Wechsel der Geschwindigkeit und den Größen $\frac{\partial c}{\partial n} - \frac{\partial c^n}{\partial s}$ und $\frac{\partial c}{\partial m}$: bei stationärer Bewegung, d. h.

$$\frac{\partial c}{\partial t} = \frac{\partial c^n}{\partial t} = \frac{\partial c^m}{\partial t} = 0,$$

haben die verschiedenen Stromlinien nur dann verschiedene Energiebeträge, wenn die Größen $\frac{\partial c}{\partial n} - \frac{\partial c^n}{\partial s}$ bzw. $\frac{\partial c}{\partial m}$ endliche Werte besitzen.

Die Aufmerksamkeit wird also besonders auf diese Größen gelenkt. Es ist klar, daß eine Strömung mit durchweg konstanter Energie einfacher zu übersehen ist, als eine solche mit verschiedenen Energiebeträgen in den einzelnen Stromlinien;

die nächstliegende Aufgabe wird also die sein, die ins Auge fallenden Größen $\frac{\partial c}{\partial n} - \frac{\partial c^n}{\partial s}$ und $\frac{\partial c}{\partial m}$ genauer zu untersuchen, mit der besonderen Fragestellung, unter welchen Umständen sie den Wert Null annehmen.

3. Das in Fig. 2 gezeichnete Rechteck sei die Projektion des betrachteten Flüssigkeitsteilchens $ds \cdot dn \cdot dm$ auf die durch ds und dn bestimmte Ebene. Die Geschwindigkeit des Punktes C relativ zum Punkte A senkrecht zur Verbindungslinie AC ist dann offenbar $\frac{\partial c}{\partial n} dn$. Berücksichtigt man den Umstand, daß sämtliche gezeichneten Strecken als unendlich klein anzusehen sind, so kann man den Wert

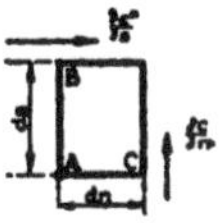

Fig. 2.

$$\frac{\partial c}{\partial n} = \frac{\frac{\partial c}{\partial n} \cdot dn}{dn}$$

als Quotienten aus der Umfangsgeschwindigkeit von C um A mit dem Radius $AC = dn$ ansehen[1]); $\frac{\partial c}{\partial n}$ erscheint so als mittlere Winkelgeschwindigkeit, mit der im Verlauf der Strömung die Strecke $AC = dn$ um eine zu dm parallele Achse rotiert. Ähnlich gibt $-\frac{\partial c^n}{\partial s}$ die mittlere Winkelgeschwindigkeit von AB um eine zu dm parallele Achse an, und schließlich kann der Durchschnittswert von $\frac{\partial c}{\partial n}$ und $-\frac{\partial c^n}{\partial s}$, nämlich

$$\lambda_m = \frac{1}{2}\left(\frac{\partial c}{\partial n} - \frac{\partial c^n}{\partial s}\right),$$

als mittlere Winkelgeschwindigkeit aufgefaßt werden, mit der das betrachtete unendlich kleine Teilchen um eine zu dm parallele Achse rotiert.

Ebenso kann geschrieben werden

$$\lambda_n = \frac{1}{2} \frac{\partial c}{\partial m};$$

---

[1]) S. hierzu auch: Prasil, Über Flüssigkeitsbewegungen in Rotationshohlräumen. I. (Schweizerische Bauzeitung, Bd. XLI.)

so daß die Gleichungen (11) bis (12a) die Form annehmen:

$$\frac{\partial c}{\partial t}+g\frac{\partial H}{\partial s} \qquad =0 \quad \ldots\ldots \quad (13)$$

$$\frac{\partial c^n}{\partial t}+g\frac{\partial H}{\partial n}-2c\lambda_m=0 \quad \ldots\ldots \quad (14)$$

$$\frac{\partial c^m}{\partial t}+g\frac{\partial H}{\partial m}-2c\lambda_n=0 \quad \ldots\ldots \quad (15)$$

Die Winkelgeschwindigkeiten λ werden als »Wirbel« bezeichnet. Der Gebrauch dieses Ausdruckes für die erwähnten Größen entspricht nicht vollständig dem normalen Sprachgebrauch; näheres hierüber kann z. B. in Föppls Technischer Mechanik[1]) nachgelesen werden.

Aus den Gleichungen (13) bis (15) läßt sich für eine stationäre Strömung $\left(\frac{\partial c}{\partial t}=\frac{\partial c^n}{\partial t}=\frac{\partial c^m}{\partial t}=0\right)$ folgender Satz ableiten:

Längs jeder Stromlinie (die bei stationärer Strömung auch die Bahn des betreffenden Teilchens darstellt) ist die Strömungsenergie konstant; von Stromlinie zu Stromlinie besteht in jeder Normalenrichtung ein Energiegefälle, das dem Produkt aus der Geschwindigkeit in dem betreffenden Punkte und dem negativ genommenen Wirbel um eine zur Stromlinie und zu der betreffenden Richtung normale Achse proportional ist.

Bei stationärer Strömung ohne endliche Wirbelbeträge, bei »wirbelfreier Strömung«, hat die Energie in der ganzen Flüssigkeitsmenge in jedem Zeitpunkt denselben Wert, der allerdings zeitlich noch veränderlich sein kann, und zwar für alle Teilchen gleichzeitig um denjenigen Betrag, um den sich der nur bis auf eine reine Zeitfunktion festgelegte Flüssigkeitsdruck zeitlich eventuell ändert.

4. Für die weiteren Untersuchungen wird es notwendig, den Wirbelbegriff auch auf endliche Flüssigkeitsmassen zu übertragen. Es ist selbstverständlich, daß man hierbei nicht mehr mit dem einfachen Begriff der durchschnittlichen Winkel-

---

[1]) Föppl, Technische Mechanik, Bd. IV, § 51.

geschwindigkeit auskommt, wie es bei dem unendlich kleinen Flüssigkeitsteilchen möglich war. Man erhält einen allgemeinen, auch für endliche Gebiete brauchbaren Ausdruck auf folgende Weise:

Wie man sich durch eine einfache Nachrechnung überzeugen kann, ergibt sich der Wert $2\,\lambda_m = \frac{\partial c}{\partial n} - \frac{\partial c^n}{\partial s}$ auch dadurch, daß man auf den vier Seiten des Rechtecks der Fig. 2 jeweils das Produkt aus der betreffenden Seitenlänge und der in ihre Richtung fallenden Geschwindigkeitskomponente nimmt und die einzelnen Beträge unter Berücksichtigung ihres Vorzeichens addiert. Zu dem Wert $2\lambda_m$ tritt dabei lediglich noch die Fläche $ds \cdot dn$ des umschrittenen Rechtecks als Faktor hinzu.

In dieser Deutung wird der Wirbelbegriff einleuchtender und plastischer; die bei seiner Auffassung als »durchschnittliche Winkelgeschwindigkeit« trotz der unendlich kleinen Dimension des Teilchens vorhandene Unsicherheit ist durch eine präzise Vorschrift beseitigt, auf welche Weise dieser Durchschnittswert zu bilden ist: Um das betrachtete Teilchen ist eine auf ihm liegende Linie zu ziehen (in diesem Falle das Rechteck der Fig. 2), in jedem ihrer Punkte ist die Geschwindigkeit auf diese Linie zu projizieren und schließlich die Summe aus den Produkten »Linienelement mal Geschwindigkeitsprojektion in seiner Richtung« zu bilden.

Man bezeichnet den so erhaltenen Wert, der sich ohne weiteres auch für endliche Kurven bilden läßt, als das Linienintegral der Geschwindigkeit längs der betreffenden Kurve.

Fig. 3.

Dieses Linienintegral liefert auch bei geschlossenen Kurven von endlicher Ausdehnung ein Maß für die gesamte Wirbelung der umschlossenen Teilchen. Dies zeigt folgende Überlegung: Die Fläche im Innern der geschlossenen Kurve (Fig. 3) wird durch eine zweifach unendliche Anzahl sich schneidender Kurven in kleine Vierecke zerlegt. Bildet man für sämtliche Vierecke die Linienintegrale der Geschwindigkeit und addiert die einzelnen Beträge, so sieht man, daß jeder Einzelbetrag im Innern der Fläche zweimal vorkommt, und zwar mit entgegengesetzten Vorzeichen. Diese Beträge ergeben also bei der Summation den Wert Null. Einzig und allein die Beträge auf der Begrenzungskurve selbst bleiben übrig; so ergibt sich der Satz[1]):

Das Linienintegral der Geschwindigkeit, genommen über eine geschlossene Kurve, die ein zusammenhängendes Flächenstück begrenzt, ist gleich der Summe sämtlicher Linienintegrale, die längs der Begrenzungen sämtlicher Teile genommen werden, in die die Fläche zerlegt werden kann. Bezeichnet man das Linienintegral um eine geschlossene Kurve als die Zirkulation längs dieser Kurve, so kann man kurz sagen: Die Zirkulation um die Berandung einer Fläche ist gleich der Summe aller Einzelzirkulationen im Innern der Fläche. Die Summe der Einzelzirkulationen ist dabei in der oben erläuterten Weise zu verstehen.

Insbesondere ist die Zirkulation um eine geschlossene Kurve gleich Null, wenn alle Einzelzirkulationen Null sind, d. h. also: die Zirkulation um eine geschlossene Kurve, die einen Bereich umschließt, innerhalb dessen die Wirbelbeträge durchweg Null sind, ist ebenfalls Null.

Es genügt also, und das ist der Vorteil, den der angeführte Satz ermöglicht, bei der Untersuchung der Wirbelverhältnisse in einer endlichen Flüssigkeitsmenge, die Zirkulationen in geschlossenen Kurven zu untersuchen, die auf der äußeren Begrenzungsfläche der betreffenden Flüssigkeitsmenge gezogen sind; es ist klar, daß eine solche Betrachtung bedeutend übersichtlicher ausfällt, als wenn die Wirbelbeträge aller Flüssigkeitsteilchen einzeln untersucht werden müssen.

Ein Linienintegral der Geschwindigkeit läßt sich auch längs einer nicht geschlossenen Kurve bilden; sind A und B die Endpunkte der Kurve, so bezeichnet man in leicht verständlicher Weise den Wert des Linienintegrals, genommen von A bis B, als »Strömung« von A nach B.

[1]) Ausführliches hierüber s. z. B. Lamb, Hydrodynamik, §§ 30 bis 32, ferner: Riemann-Weber, die partiellen Differentialgleichungen der math. Physik, § 42, oder auch: Ignatowski, Vektoranalyse, § 13. (Mathematisch-physikalische Schriften für Ingenieure und Studierende, Teubner, 1909.)

Das Wort »Strömung« wird hier in einem besonderen, engeren Sinne benutzt; Verwechslungen mit dem allgemeinen Ausdruck »Strömung« sind wohl kaum zu befürchten.

5. Aus der gegebenen Flüssigkeitsmenge, die sich in einem beliebigen, zeitlich und örtlich variablen Strömungszustand befinden soll, werde ein Teil herausgegriffen, der in Fig. 4 durch eine Anzahl der ihn begrenzenden momentanen Stromlinien dargestellt ist. Um dieses Stromlinienbündel wird auf seiner Oberfläche eine beliebig geformte geschlossene Kurve gelegt. Für jeden Teil dieser Kurve kann in der oben angegebenen Weise das Linienintegral der Geschwindigkeit, ebenso für die gesamte Kurve die Zirkulation festgestellt werden.

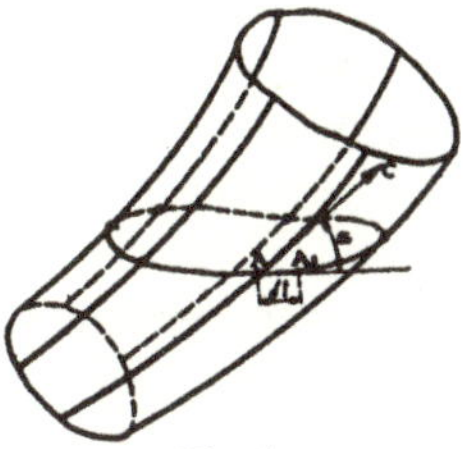

Fig. 4.

Jedes Längenelement dieser Kurve soll nun in jedem Augenblick diejenige Geschwindigkeit haben, die das Flüssigkeitsteilchen, mit dem es zusammenfällt, aufweist; die Kurve wird dann stets durch die gleichen Flüssigkeitsteilchen gebildet, sie bewegt sich mit der Flüssigkeit fort. Sie bleibt hierbei zusammenhängend, solange sich die Geschwindigkeiten sämtlicher Teilchen stetig ändern, was für alle praktischen Zwecke zutrifft.

Es soll nun untersucht werden, wie sich auf dieser Kurve, die sich mit der Flüssigkeit bewegt, der Wert der Zirkulation im Laufe der Zeit ändert[1]).

Zu diesem Zweck wird zunächst der Ausdruck für die »Strömung« von einem Anfangspunkte A nach einem unendlich naheliegenden benachbarten Punkte A_1 der Kurve aufgestellt und seine Veränderlichkeit mit der Zeit festgestellt, unter der Voraussetzung, daß das Kurvenstück stets aus denselben Flüssigkeitsteilchen besteht; der entstehende Ausdruck wird über ein endliches Kurvenstück ausgedehnt und ergibt die Änderung der »Strömung« zwischen dessen Endpunkten;

---

[1]) S. hierzu: Lamb, l. c. § 33.

durch Erweiterung des endlichen Kurvenstückes zur geschlossenen Kurve selbst ergibt sich dann die zeitliche Änderung der Zirkulation längs der geschlossenen mit der Flüssigkeit gehenden Kurve.

Der Winkel zwischen dem Kurvenelement δl und der Geschwindigkeit c sei α; dann ist das Linienintegral von c längs δl:

$$\delta J = c \cdot \cos\alpha \cdot \delta l.$$

Die Änderung von δJ in der Zeiteinheit beträgt:

$$\frac{d(\delta J)}{dt} = \frac{d(c \cos\alpha\, \delta l)}{dt};$$

dies ergibt ausgewertet:

$$\frac{d(\delta J)}{dt} = \frac{d(c \cdot \cos\alpha)}{dt} \cdot \delta l + c\, \frac{\cos\alpha \cdot d(\delta l)}{dt} \quad . \; . \; . \quad (16)$$

$c \cdot \cos\alpha$ ist die Komponente von c in Richtung von δl und werde entsprechend den früheren Bezeichnungen mit c^l bezeichnet, damit wird dann:

$$\frac{d(\delta J)}{dt} = \frac{dc^l}{dt}\delta l + c\, \frac{\cos\alpha\, d(\delta l)}{dt} \quad . \; . \; . \; . \; . \quad (17)$$

$\cos\alpha \cdot d(\delta l)$ ist die Projektion der Verlängerung, die δl während der Zeit dt erfährt, auf die Richtung von c; dieser Wert ergibt sich daraus, daß sich der Endpunkt A_1 relativ zu A parallel zu der Richtung von c mit der Geschwindigkeit δc bewegt, zu $\delta c \cdot dt$. Dabei ist δc derjenige Betrag, um den die Geschwindigkeit in A_1 größer ist als die in A.

Es ist also:

$$\frac{\cos\alpha \cdot d(\delta l)}{dt} = \delta c \quad . \; . \; . \; . \; . \; . \; . \; . \quad (18)$$

Ferner stellt der Wert $\frac{d(c^l)}{dt}$ in der Beziehung (17) nichts anderes dar, als die Gesamtbeschleunigung des im Punkt A befindlichen Wasserteilchens in der Richtung von δl; für diese Richtung läßt sich ebenso wie für jede andere eine Eulersche Gleichung anschreiben; d. h. es kann gesetzt werden:

$$\frac{dc^l}{dt} = -\frac{1}{\mu}\frac{\partial p}{\partial l} \quad . \; . \; . \; . \; . \; . \; . \; . \quad (19)$$

Durch Einsetzen von (18) und (19) geht Gleichung (17) über in:

$$\frac{d(\delta J)}{dt} = -\frac{1}{\mu}\frac{\partial p}{\partial l}\delta l + c \cdot \delta c.$$

Mit $\delta p = \frac{\partial p}{\partial l} dl$ erhält man schließlich:

$$\frac{d(\delta J)}{dt} = -\frac{1}{\mu}\delta p + c \cdot \delta c,$$

oder:

$$\frac{d(\delta J)}{dt} = \delta\left(\frac{c^2}{2} - \frac{p}{\mu}\right) \quad \ldots\ldots \quad (20)$$

D. h.: Die Geschwindigkeit, mit der sich das Linienintegral der Strömungsgeschwindigkeit längs einer unendlich kleinen Strecke, die sich mit der Flüssigkeit fortbewegt, ändert, ist in jedem Augenblick gleich dem Zuwachs des Wertes $\frac{c^2}{2} - \frac{p}{\mu}$ auf diesem Kurvenelement.

Die Integration von (20) über das endliche Kurvenstück AB ergibt:

$$\frac{dJ_{AB}}{dt} = \left(\frac{c^2}{2} - \frac{p}{\mu}\right)_B - \left(\frac{c^2}{2} - \frac{p}{\mu}\right)_A \quad \ldots . \quad (21)$$

Hierin bezeichnet J_{AB} die »Strömung« von A nach B; die Indizes an den Klammerausdrücken bedeuten, daß die Werte von c und p in den Klammern an den betreffenden Punkten genommen werden sollen.

Gleichung (21) drückt den grundlegenden Satz aus:

Die Änderungsgeschwindigkeit der »Strömung« längs einer zwischen zwei Punkten gezogenen Kurve, die sich ebenso wie die Endpunkte selbst mit der Flüssigkeit bewegt, ist gleich dem Überschuß des Wertes von $\frac{c^2}{2} - \frac{p}{\mu}$ im Endpunkte der Kurve gegenüber dem entsprechenden Wert im Anfangspunkt.

Es mag besonders betont werden, daß der hier maßgebende Ausdruck nicht etwa die Strömungsenergie

$H = \frac{c^2}{2g} + \frac{p}{\gamma}$ ist, sondern daß hier die Differenz aus Geschwindigkeitsenergie und Druck auftritt.

Läßt man weiter, um zur Änderungsgeschwindigkeit der Zirkulation längs der geschlossenen Kurve zu gelangen, den Endpunkt B nach einem Durchlaufen der gesamten Kurve mit dem Anfangspunkte A zusammenfallen, so gelangt man offenbar wieder zu demselben Wert von $\frac{c^2}{2} - \frac{p}{\mu}$, von dem man ausgegangen ist; die Differenz $\left(\frac{c^2}{2} - \frac{p}{\mu}\right)_B - \left(\frac{c^2}{2} - \frac{p}{\mu}\right)_A$ wird gleich Null.

Die Änderungsgeschwindigkeit der Zirkulation längs einer geschlossenen Kurve, die sich mit der Flüssigkeit bewegt, ist also gleich Null oder, anders ausgedrückt:

In jeder geschlossenen Kurve, die sich mit der Flüssigkeit bewegt, bleibt die Zirkulation konstant; ist sie zu Beginn der Bewegung Null, so bleibt sie dauernd Null.

Dasselbe gilt naturgemäß auch für die Zirkulationen unendlich kleiner Teilchen; es läßt sich also auch sagen:

Eine Flüssigkeitsmasse, die sich in einem bestimmten Zeitpunkt wirbelfrei bewegt, bewegt sich ständig wirbelfrei; einer reibungsfreien Flüssigkeit von konstanter spezifischer Masse können keine Wirbel von außen aufgezwungen werden.

Dies gilt streng genommen nur, wenn alle etwa vorhandenen Massenkräfte die gleiche Eigenschaft haben wie die hier allein berücksichtigte Schwerkraft, nämlich, daß sie sich von einem Potential ableiten lassen.

In der technischen Praxis kommen Massenkräfte außer der Schwerkraft nicht in Frage; für diese hier allein interessierenden Verhältnisse gilt — bei vollkommen reibungsfreier Flüssigkeit — der oben abgeleitete Satz ohne Einschränkung.

6. Dieser Satz — einer der wichtigsten der ganzen Hydrodynamik — gibt nun die Möglichkeit zur Entscheidung der Frage, die in Abschnitt 2 aufgeworfen ist, ob und wann die Wirbelgrößen der Gleichungen (13) bis (15) Null gesetzt werden

können und müssen, unter welchen Umständen also von den großen Vereinfachungen, die hierdurch in der mathematischen Behandlung sämtlicher Strömungsaufgaben eintreten, Gebrauch gemacht werden kann und muß.

Dies ist immer dann der Fall, wenn die Flüssigkeitsströmung entweder aus der Ruhe heraus ohne Mitwirkung anderer äußerer Kräfte als der Schwerkraft entsteht, oder wenn die Flüssigkeitsmengen aus einem Gebiet herkommen, in dem sie durchweg konstante Strömungsenergie besaßen.

Eine von diesen beiden Bedingungen trifft in der Technik immer zu. Die durch die Rotation eines Zentrifugalpumpenrades hervorgerufene Strömung beginnt zweifelsohne aus der Ruhe heraus; die Flüssigkeit, die ein Turbinenrad in Bewegung versetzt, strömt dem Rade mit praktisch konstanter Energie zu; ähnlich liegt es in allen praktisch wichtigen Fällen. Die Vorstellung gleicher Energie in allen Stromfäden bei stationärer Strömung ist in der Technik auch durchaus üblich und gewohnt; bei nichtstationärer Strömung muß sie durch die allgemeinere der Wirbelfreiheit ersetzt werden.

Für die hier interessierenden Strömungen ist also durchweg zu setzen:

$$\lambda_n = \lambda_m = 0.$$

Die Gleichungen (13) bis (15) gehen also über in:

$$\frac{\partial c}{\partial t} + g \frac{\partial H}{\partial s} = 0 \quad . \; . \; . \; . \; . \; . \; . \; . \; . \quad (22)$$

$$\frac{\partial c^n}{\partial t} + g \frac{\partial H}{\partial n} = 0 \quad . \; . \; . \; . \; . \; . \; . \; . \; . \quad (23)$$

$$\frac{\partial c^m}{\partial t} + g \frac{\partial H}{\partial m} = 0 \quad . \; . \; . \; . \; . \; . \; . \; . \; . \quad (24)$$

d. h. ein Energiegefälle besteht an einer Stelle des Raumes in irgendeiner Richtung nur dann, wenn die Geschwindigkeitskomponente in dieser Richtung an der betreffenden Stelle zeitlich veränderlich ist.

7. Bei der grundlegenden Wichtigkeit, die die getroffene Festsetzung über die Wirbelfreiheit für alle weiteren Untersuchungen besitzt, ist es notwendig, zwei Umstände besonders hervorzuheben:

Der abgeleitete Satz über die Fortdauer der Wirbelfreiheit gilt erstens nur für reibungsfreie, inkompressible Flüssigkeiten und enthält zweitens nicht eine Aussage über die Eigenschaften eines Raumes, der von der Flüssigkeit durchströmt wird, sondern über die Eigenschaften der Flüssigkeit selbst, die sie beim Durchströmen beliebiger Räume beibehält.

Die Voraussetzung der Reibungsfreiheit ist in Wirklichkeit nicht streng erfüllt. Tatsächlich genügt die kleine Reibung z. B. des Wassers, um in vielen Fällen durch Wirbelbildung Strömungen zu erzwingen, die von den unter der Voraussetzung vollkommener Wirbelfreiheit berechneten vollständig abweichen. In vielen Fällen läßt sich aber trotzdem durch gewisse Kunstgriffe ein guter Zusammenhang mit der Theorie reibungsfreier wirbelfreier Flüssigkeiten herstellen; in vielen anderen Fällen stimmt die Wirklichkeit mit dieser Theorie von vornherein genügend überein. Es ist nicht die Aufgabe der vorliegenden Schrift, diese Übereinstimmung oder Nichtübereinstimmung in den verschiedenen Fällen erschöpfend zu behandeln; es soll nur allgemein hierauf hingewiesen werden, weitere Bemerkungen hierüber sollen da gemacht werden, wo ein Einzelfall es unbedingt erfordert[1].

---

[1]) S. hierzu die zahlreiche Literatur über diesen Gegenstand. Es sei lediglich genannt Lamb, Hydrodynamik, ferner Lanchester, Aërodynamik, deutsch von Runge (Teubner 1909); in diesem Werke sind die Voraussetzungen der theoretischen Hydrodynamik reibungsfreier Flüssigkeiten einer ausführlichen Kritik unterzogen, auch gibt es für sämtliche Grundbegriffe klare Erläuterungen.

Ferner gehören hierher die grundlegenden Arbeiten Prandtls über die Grenzschichtentheorie bei kleiner Reibung: Verh. d. intern. math. Kongr. 1904, dazu Blasius, Grenzschichten in Flüssigkeiten mit kleiner Reibung, 1908, Boltze, Grenzschichten an Rotationskörpern in Flüssigkeiten mit kleiner Reibung, 1908.

Eine kurze aber umfassende Darstellung dieses Gegenstandes ist enthalten in Prandtl, Abriß der Lehre von der Flüssigkeits- und Gasbewegung, (Fischer, Jena 1913). In dieser Schrift ist eine außerordentlich klare Zusammenstellung aller wichtigen Tatsachen und Sätze der Hydrodynamik in einer für die Technik ohne weiteres verständlichen Darstellung enthalten.

Die Bedingung der Inkompressibilität ist bei Wasser praktisch fast vollkommen erfüllt.

Es ist nun noch näher auszuführen, was es bedeutet, daß der abgeleitete Satz über die Wirbelfreiheit für eine bestimmte Flüssigkeitsmenge gilt, nicht etwa für einen bestimmten Raum. Daß dies der Fall ist, geht aus der Ableitung ohne jede Einschränkung hervor; in ihr ist von einem die Flüssigkeit abgrenzenden Raum überhaupt nicht die Rede; lediglich sich bewegende Flüssigkeitsmengen, endliche und unendlich kleine, werden betrachtet. Die Endaussage, daß bei anfänglicher Wirbelfreiheit dieser Zustand dauernd derselbe bleibt, gilt also für die sich bewegende Flüssigkeitsmenge; die Eigenschaft der Wirbelfreiheit wird von einem bestimmten Quantum Flüssigkeit, das sie zu irgendeiner Zeit besessen hat, beibehalten und auf ihrem oft recht komplizierten und verschlungenen Wege mitgeführt.

Die Begrenzung des durchströmten Raumes gibt dabei weiter nichts als die äußere Randbedingung für die Geschwindigkeiten, Stromlinienformen usw., die beim Hindurchströmen des ins Auge gefaßten Flüssigkeitsquantums auftreten. Es folgt hieraus, daß in jedem Raum, mag er geformt sein wie er will, eine wirbelfreie Strömung möglich ist. Die Aufgabe lautet niemals: wie ist die Begrenzung eines Raumes zu gestalten, damit eine wirbelfreie Strömung erzielt wird, sondern es handelt sich stets darum, in einem gegebenen Raume diejenige Strömung zu untersuchen, die eintritt, wenn er von einer Flüssigkeit ohne Wirbel durchströmt wird.

In dieser Frage ist in der technischen Literatur eine große Anzahl von Mißverständnissen und Fehlern aufgetreten. Eine große Summe von Geist und Mühe ist aufgewendet worden, um z. B. Krümmerformen zu finden, in denen die Umlenkung des Wassers wirbelfrei erfolgen soll, während doch in jedem Krümmer die Strömung bei wirbelfreier Zuströmung wirbelfrei bleibt (bei reibungsfreier Flüssigkeit). Besonders hat sich dieses Mißverständnis der hydrodynamischen Sätze in der sog. zweidimensionalen Turbinentheorie bemerkbar gemacht; hier wurde allein für eine bestimmte Art der Profilbegrenzung, die sich zufällig leicht mathematisch behandeln ließ, die Möglichkeit festgestellt, wirbelfreie Strömungen zuzulassen, während sämtliche andere Formen, auch solche, die sich in der Praxis unzweifelhaft als gut erwiesen hatten, als unbrauchbar oder wenigstens minderwertig angesehen wurden. Die erwähnte Unklarheit rührte wohl durchweg davon her, daß eine strenge mathematische Behandlung auch der wirbelfreien Strömung nur für eine beschränkte Anzahl bestimmter Fälle möglich ist, und daß für empirisch gegebene Begrenzungen die exakte zahlenmäßige Behandlung zunächst versagt. Es wurde dann in naheliegender Weise geschlossen, daß für solche Raumbegrenzungen Lösungen überhaupt nicht existieren und physikalisch unmöglich sind. Tatsächlich läßt sich aber — wenigstens prinzipiell — für jede Begrenzung die wirbelfreie Lösung für das Strömungsproblem finden, wenn nicht rechnerisch, dann doch durch numerisch-zeichnerische Verfahren, die eine für technische Zwecke vollkommen genügende Genauigkeit zulassen.

Bei der schon erwähnten zweidimensionalen Turbinentheorie liegen außerdem die Verhältnisse besonders kompliziert, da durch die hier anzunehmende unendlich große Schaufelzahl der Flüssigkeit Wirbel aufgeprägt werden, die mit den oben behandelten nur äußerlich zusammenhängen. Diese der zweidimensionalen Theorie eigentümlichen Wirbel, deren Achse tangential zur Schaufelfläche liegen, sind von den Wirbeln der zum Rade zuströmenden und von ihm abströmenden Flüssigkeit scharf zu trennen; es ist dafür zu sorgen, daß sie bei wirbelfrei zuströmender Flüssigkeit allein in der Rechnung auftreten, da sonst jeder Anschluß an die Wirklichkeit verloren geht. Diese kurze Bemerkung hierüber mag an dieser Stelle genügen, da eine genaue Auseinandersetzung dieser Verhältnisse zu viel Raum in Anspruch nehmen würde[1]).

Es kann jetzt also in kurzer Zusammenfassung der vorstehenden Ausführungen folgendes ausgesprochen werden:

Bei der Anwendung der Theorie reibungsfreier Flüssigkeiten auf die Aufgaben der technischen Praxis ist vollkommene Wirbelfreiheit anzunehmen.

---

[1]) Ausführliches hierüber s. z. B. Mises, l. c. §§ 4 bis 7.

Die hydrodynamischen Grundgleichungen, aus denen durch Einführung der Strömungsenergie der Druck eliminiert ist, erhalten dabei in dem den Stromlinien natürlichen Koordinatensystem die einfache Form der Gleichungen (22) bis (24).

8. Es kann nun ohne weitere Ausführungen als bekannt angenommen werden, daß im Falle der Wirbelfreiheit die Geschwindigkeiten aus einem Geschwindigkeitspotential φ abgeleitet werden können, derart, daß die Komponente in einer beliebigen Richtung x den Wert

$$c^x = \frac{\partial \varphi}{\partial x} \qquad (25)$$

erhält.

Hiernach wird:

$$c = \frac{\partial \varphi}{\partial s}; \quad c^n = \frac{\partial \varphi}{\partial n}; \quad c^m = \frac{\partial \varphi}{\partial m}.$$

Führt man dies in die Gleichungen (22) bis (24) ein, so erhält man:

$$\frac{\partial}{\partial s}\left(\frac{\partial \varphi}{\partial t} + gH\right) = 0 \qquad (26)$$

$$\frac{\partial}{\partial n}\left(\frac{\partial \varphi}{\partial t} + gH\right) = 0 \qquad (27)$$

$$\frac{\partial}{\partial m}\left(\frac{\partial \varphi}{\partial t} + gH\right) = 0 \qquad (28)$$

Hieraus folgt ohne weiteres:

$$\frac{\partial \varphi}{\partial t} + gH = \text{konst.} \qquad (29)$$

Die Konstante gilt für die ganze betrachtete Flüssigkeitsmasse.

Streng genommen wäre zu (29) bei vollständiger Integration des Systems (26) bis (28) noch eine willkürliche Funktion der Zeit hinzuzufügen, entsprechend der Tatsache, daß der Druck in einer inkompressiblen reibungsfreien Flüssigkeit um beliebige, für alle Teilchen gleiche Beträge schwanken kann, ohne daß an dem gesamten Strömungsverlauf etwas geändert wird. Aus diesem letzten Grunde ist es aber hier zulässig, diese Zeitfunktion gleich Null zu setzen.

Bei stationärer Strömung ergibt die Gleichung (29) mit $\frac{\partial \varphi}{\partial t} = 0$:

$$gH = \text{konst.} \quad \ldots \ldots \ldots \quad (30)$$

wie es bereits oben verschiedentlich erwähnt wurde. Die Konstante gilt ebenfalls für das gesamte Flüssigkeitsgebiet.

9. Die drei Eulerschen Gleichungen, die bei wirbelfreier Strömung zu dem konzentrierten Ausdruck (29) führen, genügen jedoch noch nicht zur Bestimmung der gesamten Strömungsverhältnisse. Es zeigt sich dieses auch daraus, daß zur Bestimmung der Funktion φ, des Geschwindigkeitspotentials, bisher keine Bedingungsgleichung vorliegt.

Die noch fehlende Beziehung ist die Kontinuitätsbedingung, in der ausgedrückt wird, daß die in einen bestimmten Raumteil eintretende Flüssigkeitsmenge gleich der aus ihr austretenden sein muß (bei inkompressibler Flüssigkeit). Sie lautet in den Koordinaten ds, dn, dm:

$$\frac{\partial c}{\partial s} + \frac{\partial c^n}{\partial n} + \frac{\partial c^m}{\partial m} = 0 \quad \ldots \ldots \quad (31)$$

Ihre Ableitung kann als bekannt vorausgesetzt werden[1]). Führt man unter Berücksichtigung von (25) das Geschwindigkeitspotential φ ein, so erhält man die Differentialgleichung hierfür in der Form:

$$\frac{\partial^2 \varphi}{\partial s^2} + \frac{\partial^2 \varphi}{\partial n^2} + \frac{\partial^2 \varphi}{\partial m^2} = 0 \quad \ldots \ldots \quad (32)$$

In gleicher Weise läßt sich diese Gleichung für alle rechtwinkligen gradlinigen Koordinatensysteme aufstellen; sie wird auch oft in der abgekürzten Form

$$\Delta \varphi = 0 \quad \ldots \ldots \ldots \quad (33)$$

angeschrieben, wobei der Operator Δ die durch Gleichung (32) definierte Bedeutung hat.

In jedem besonderen Falle ist die Lösung der Gleichung (32) für die gegebenen Randbedingungen die erste Aufgabe. Die Geschwindigkeiten ergeben sich dann aus φ nach der Angabe

---

[1]) S. hierzu eins der zitierten Lehrbücher.

von Gleichung (25); die Drücke liefert Gleichung (29), wenn man berücksichtigt, daß

$$gH = \frac{c^2}{2} + \frac{p}{\mu}.$$

Eine mehr oder weniger vollständige Darstellung der Fälle, in denen für technisch wichtige Verhältnisse die Funktion φ und damit das gesamte Strömungsproblem vollkommen bekannt und mathematisch korrekt gegeben ist, ist hier nicht beabsichtigt; ebensowenig sollen hier die bisher gefundenen Methoden erläutert werden, nach denen bei empirisch gegebenen Randbedingungen die Lösungen graphisch-numerisch ermittelt werden können. Hierfür mag auf die zahlreiche Literatur über diesen Gegenstand verwiesen werden[1]).

Der Zweck des vorstehenden Kapitels ist vielmehr durch die Aufstellung der Beziehungen (29) und (30) und durch die eingehende Diskussion des zu ihrer Ableitung notwendigen Gedankenganges erfüllt.

---

[1]) Hierzu sei erwähnt: Lamb, Hydrodynamik, mit einer großen Anzahl von Lösungen für die verschiedensten Fälle. Für das graphisch-numerische Verfahren sei verwiesen auf: Runge, Graphische Lösungen von Randwertaufgaben etc. (Nachrichten von der Königlichen Gesellschaft der Wissenschaften zu Göttingen, 1911); Rottsieper, Graphische Lösungen einer Randwertaufgabe (Göttingen 1914). Ferner: Runge, Graphische Methoden (Teubner 1915) und die bereits zitierte Dissertation von Flügel.

Weitere Literaturangaben über diesen Gegenstand werden auch weiter unten bei den entsprechenden Einzelaufgaben aufgeführt.

II. Bewegung fester Körper, Geschwindigkeitspotential und Energieübertragung.

1. Das Charakteristische derjenigen hydraulischen Vorgänge, die speziell für die Turbinentheorie in Frage kommen, besteht darin, daß durch die Bewegung fester Körper von bestimmter Form in der Flüssigkeit Strömungen erzeugt werden, in deren Verlauf Energie entweder von den festen Körpern auf die Flüssigkeit oder umgekehrt von der Flüssigkeit auf die festen Körper übertragen wird.

Es liegt also die zweifache Aufgabe vor, zunächst die Strömung festzustellen, die durch die Bewegung der festen Körper von bekannt vorausgesetzter Form erzwungen wird, und dann die Energieverhältnisse dieser Strömung klarzulegen.

Der erste Teil der Aufgabe: Feststellung der Strömung, die unter dem Einfluß der Bewegung der festen Körper entsteht, läuft darauf hinaus, für die gegebenen Bedingungen eine oder die Lösung der Gleichung (33) des vorigen Kapitels zu finden.

Da nämlich, wie bereits in dem vorigen Kapitel erwähnt worden ist, in allen praktisch wichtigen typischen Fällen die Strömung aus der Ruhe heraus beginnt oder zum mindesten die Zuströmung zu den festen Körpern, den Schaufelrädern, mit gleichem Energiegehalt in sämtlichen Stromfäden erfolgt, so ist die zu ermittelnde Strömung als wirbelfrei anzunehmen. Für die Geschwindigkeiten existiert daher ein Geschwindigkeitspotential φ derart, daß für eine beliebige Richtung x die Geschwindigkeitskomponente

$$c^x = \frac{\partial \varphi}{\partial x}$$

ist; dieses Geschwindigkeitspotential muß die Gleichung erfüllen, in welche die Kontinuitätsbedingung bei Existenz eines Geschwindigkeitspotentials übergeht, nämlich:

$$\frac{\partial^2 \varphi}{\partial x^2} + \frac{\partial^2 \varphi}{\partial y^2} + \frac{\partial^2 \varphi}{\partial z^2} = 0 \quad \ldots \ldots \ldots \quad (1)$$

wenn x, y und z die drei Komponentenrichtungen eines beliebigen rechtwinkligen gradlinigen Koordinatensystems sind.

Die Gleichung (1) ist also für die jeweils vorliegenden Randbedingungen zu integrieren[1]).

2. Zur Untersuchung dieser Randbedingungen werde zunächst angenommen, ein beliebig geformter Körper befinde sich in einer nach allen Seiten unbegrenzten Flüssigkeitsmasse, die sich vor Beginn der Bewegung des festen Körpers vollkommen in Ruhe befand. Durch die Bewegung des Körpers treten Störungen in dem Ruhezustand der Flüssigkeit auf und besonders in unmittelbarer Nähe des Körpers entstehen mehr oder weniger starke Strömungen. In größerer Entfernung von dem Körper klingen die Wirkungen seiner Bewegung allmählich ab; im Unendlichen wird der ursprüngliche Geschwindigkeitszustand, hier derjenige vollkommener Ruhe, überhaupt nicht verändert.

Auf dem Körper selbst lassen sich ebenfalls gewisse Bedingungen für die Geschwindigkeiten der Flüssigkeit angeben. Die Geschwindigkeit in einem Punkt der Oberfläche werde in eine Komponente normal und eine tangential zu derselben zerlegt. Da hier vollkommene Reibungsfreiheit vorausgesetzt ist, ein Einfuß der Oberflächenbeschaffenheit usw. auf die Strömung also vollkommen ausgeschaltet ist, läßt sich offenbar über die Tangentialkomponente der Geschwindigkeit von vornherein nichts Näheres aussagen, sie ist durch den Bewegungszustand des Körpers nur insofern bedingt, als sie gewissermaßen rückwärts durch die entstehende Strömung hervorgerufen wird. Dagegen ist die Normalkomponente der Geschwindigkeit einer von vornherein festliegenden Bedin-

---

[1]) S. hierzu: Lamb, l. c. §§ 10, 36 bis 41. Ebenso Mises, l. c. §§ 5 bis 7.

gung unterworfen; sie muß nämlich, da ein Eindringen der Flüssigkeit in den festen Körper ausgeschlossen ist, in jedem Punkt der Oberfläche des festen Körpers mit der Geschwindigkeit des betreffenden Punktes senkrecht zu der Oberfläche übereinstimmen.

Die Normalkomponente der Strömungsgeschwindigkeit ist $\frac{\partial \varphi}{\partial n}$, wenn dn das Element der Normalen der Körperoberfläche in dem betreffenden Punkt bedeutet (von der Oberfläche in das Innere der umgebenden Flüssigkeit hineingezogen). Ist v die momentane Geschwindigkeit des betreffenden Körperpunktes und a der Winkel zwischen v und dn, so lautet die Oberflächenbedingung:

$$\frac{\partial \varphi}{\partial n} = v \cdot \cos a \qquad (2)$$

Dadurch ist für jeden Punkt der Oberfläche, da überall v der Größe und Richtung nach als bekannt anzusehen ist, die Normalkomponente der Strömungsgeschwindigkeit gegeben.

Für den hier vorliegenden Fall: Bewegung eines festen Körpers in unendlicher Flüssigkeit, die im Unendlichen ruht, bestehen also die Randbedingungen darin, daß in jedem Punkt der Körperoberfläche die Normalkomponente der Strömungsgeschwindigkeit gegeben ist, und daß im Unendlichen die Geschwindigkeit Null herrscht.

3. Es läßt sich mathematisch nachweisen, daß durch diese Randbedingungen die Funktion φ, das Geschwindigkeitspotential, vollkommen gegeben ist, und zwar in seinem örtlichen und zeitlichen Verlauf. Von einer Wiedergabe des Beweises soll hier abgesehen werden; ebenso wird auch bezüglich der zahlreichen vorhandenen Lösungen der Gleichung (1) für bestimmte Fälle auf die umfangreiche Literatur über diesen Gegenstand verwiesen.

Dagegen soll versucht werden, an Hand der Oberflächenbedingung (2) eine genauere Anschauung von der Natur des Geschwindigkeitspotentials bei der Bewegung fester Körper zu erhalten, mit dem besonderen Ziel, den Einfluß des Bewegungszustandes des Körpers und den seiner Form in dem endgültigen Ausdruck für das Potential getrennt hervortreten zu lassen.

Der Bewegungszustand des festen Körpers ist in jedem Augenblick bestimmt durch die Angabe der Geschwindigkeit v_0 eines in seinem Innern angenommenen Bezugspunktes und der gleichzeitig vorhandenen Winkelgeschwindigkeit ω (s. Fig. 5). Ein beliebiger Punkt der Körperoberfläche, der durch den als Vektor gedachten Radius r festgelegt ist, hat dann in dem

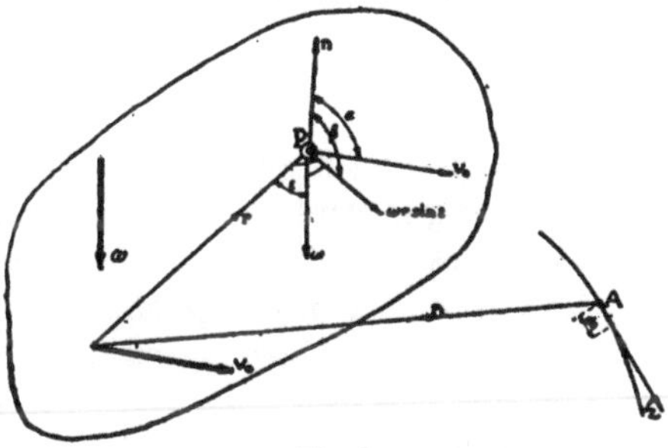

Fig. 5.

betreffenden Augenblick eine Geschwindigkeit v, die sich aus den Komponenten v_0 und $\omega r \sin \varepsilon$ zusammensetzt. Hierin ist ε der Winkel zwischen ω und r; ω ist dabei ebenso wie r als gerichtete Größe aufzufassen, die parallel zur Rotationsachse so gezogen ist, daß die Drehung, in ihrer Richtung gesehen, entgegengesetzt dem Uhrzeigersinn erfolgt. $\omega r \sin \varepsilon$ ist dann als Vektor senkrecht zu ω und zu r in sinngemäßer Richtung anzutragen. In der Figur sind die Geschwindigkeitskomponenten ungefähr perspektivisch eingetragen.

Die Normalkomponente von v ist dann die Summe der Normalkomponente von v_0 und derjenigen von $\omega r \sin \varepsilon$.

Es sei (s. Fig.):

dn das Element der Normalen zur Körperoberfläche,
α der Winkel zwischen v_0 und dn,
β der Winkel zwischen $\omega r \sin \varepsilon$ und dn;

dann ist:

die Normalkomponente von v_0:

$$v_0 \cos \alpha;$$

die Normalkomponente von $\omega r \sin \varepsilon$:

$$\omega r \sin \varepsilon \cos \beta,$$

also die gesamte Normalkomponente von v:

$$v_0 \cos \alpha + \omega r \sin \varepsilon \cos \beta.$$

Hiermit geht Gleichung (2) über in:

$$\frac{\partial \varphi}{\partial n} = v_0 \cos \alpha + \omega r \sin \varepsilon \cdot \cos \beta \quad \ldots\ldots \quad (3)$$

In dieser Beziehung hängen offenbar die Werte v_0 und ω lediglich von dem Bewegungszustand des Körpers, die Faktoren dieser Größen, $\cos \alpha$ und $r \sin \varepsilon \cdot \cos \beta$, lediglich von der Form des Körpers und seiner augenblicklichen Lage zu den augenblicklichen Geschwindigkeitsgrößen ab.

Es werde nun für φ ein Ansatz versucht, der ähnlich gebaut ist wie die rechte Seite von Gleichung (3); zunächst versuchsweise wird gesetzt[1]):

$$\varphi = v_0 \cdot \varphi_1 + \omega \cdot \varphi_2 \quad \ldots\ldots \quad (4)$$

Für $\frac{\partial \varphi}{\partial n}$ ergibt sich hieraus, da offenbar v_0 und ω für die Differentiation nach dn als konstant anzusehen sind:

$$\frac{\partial \varphi}{\partial n} = v_0 \frac{\partial \varphi_1}{\partial n} + \omega \frac{\partial \varphi_2}{\partial n} \quad \ldots\ldots \quad (5)$$

Diese Beziehung für $\frac{\partial \varphi}{\partial n}$ wird mit Gleichung (3) identisch, wenn auf der Oberfläche des Körpers durchweg

$$\frac{\partial \varphi_1}{\partial n} = \cos \alpha$$

und

$$\frac{\partial \varphi_2}{\partial n} = r \sin \varepsilon \cos \beta$$

gesetzt wird.

---

[1]) S. hierzu Lamb, l. c. § 118.

Dies ist ohne weiteres zulässig, da $\cos \alpha$ und $r \sin \varepsilon \cos \beta$ in jedem Augenblick in allen Punkten der Oberfläche eindeutig gegeben sind.

Aus Gleichung (4) ergibt sich ferner durch Ausführung der entsprechenden Differentiationen:

$$\Delta \varphi = v_0 \Delta \varphi_1 + \omega \Delta \varphi_2 \quad \ldots \ldots \quad (6)$$

Dies ist mit der Kontinuitätsbedingung:

$$\Delta \varphi = 0$$

nur zu vereinigen, wenn

$$\Delta \varphi_1 = 0 \quad \ldots \ldots \quad (7)$$

und

$$\Delta \varphi_2 = 0 \quad \ldots \ldots \quad (8)$$

gesetzt wird.

Die Geschwindigkeit in irgendeinem Punkte ergibt sich durch Differenzieren von (4) in der Bahnrichtung s zu:

$$\frac{\partial \varphi}{\partial s} = v_0 \frac{\partial \varphi_1}{\partial s} + \omega \frac{\partial \varphi_2}{\partial s} \quad \ldots \ldots \quad (9)$$

Im Unendlichen sollte $\frac{\partial \varphi}{\partial s}$ den Wert Null haben, was nur möglich ist, wenn auch $\frac{\partial \varphi_1}{\partial s}$ und $\frac{\partial \varphi_2}{\partial s}$ im Unendlichen zu Null werden.

Die beiden Funktionen φ_1 und φ_2 sind also in genau derselben Weise durch die Randbedingungen bestimmt, wie es im Abschnitt 3 für das Geschwindigkeitspotential selbst nachgewiesen ist. Sie erfüllen auch dieselbe Differentialgleichung wie φ, nämlich $\Delta \varphi = 0$, und können daher nach denselben Methoden bestimmt werden und stets in demselben Maße als bekannt gelten wie φ selbst.

Der zunächst nur probeweise angesetzte Ausdruck der Gleichung(4) kann also beibehalten werden; das Geschwindigkeitspotential läßt sich stets auf die Form:

$$\varphi = v_0 \cdot \varphi_1 + \omega \varphi_2 \quad \ldots \ldots \quad (10)$$

bringen; die hier auftretenden Funktionen φ_1 und φ_2 sind in jedem Augenblick relativ zum Körper durch seine Gestalt und seine augenblickliche Lage zu den Geschwindigkeitsvektoren festgelegt.

Man erhält auf diese Weise für das Geschwindigkeitspotential einer Strömung, die von der Bewegung eines festen Körpers herrührt, die Vorstellung eines Wirkungsfeldes, das sich mit dem Körper wie fest mit ihm verbunden bewegt; relativ zu ihm bleibt es unverändert, wenn die Lage des Körpers zu den Geschwindigkeitsvektoren, die seine Bewegung beschreiben, stets die gleiche bleibt; im andern Falle ändert es sich auch in bezug auf den Körper während seiner Bewegung.

4. An Hand der Gleichung (10) lassen sich nun auch die Energieverhältnisse einer Strömung, die durch die Bewegung eines festen Körpers entsteht, übersichtlich verfolgen. Die Strömungsenergie ist an jeder Stelle gegeben durch die Beziehung (29) des vorigen Kapitels:

$$\frac{\partial \varphi}{\partial t} + gH = \text{konst.} \quad \ldots \ldots \ldots \quad (11)$$

Hierin ist jetzt der Wert $\frac{\partial \varphi}{\partial t}$ genauer zu bestimmen. Zu diesem Zweck wird aus Gleichung (10) gebildet:

$$\frac{\partial \varphi}{\partial t} = \varphi_1 \frac{d v_0}{dt} + \varphi_2 \frac{d\omega}{dt} + v_0 \frac{\partial \varphi_1}{\partial t} + \omega \frac{\partial \varphi_2}{\partial t} \quad . \; . \quad (12)$$

Die ersten beiden Glieder dieser Gleichung rühren von einer etwaigen Veränderlichkeit von v_0 und ω her; nach Bestimmung von φ_1 und φ_2 können sie stets berechnet werden, da v_0 und ω als vollkommen gegeben anzusehen sind.

Die letzten beiden Glieder lassen sich noch weiter umformen.

Der Wert $\frac{\partial \varphi_1}{\partial t}$ bedeutet die Geschwindigkeit, mit der sich φ_1 in einem festgehaltenen Punkte des ruhenden Raumes ändert. Zu seiner Ermittelung ist festzustellen, welchen Zuwachs der Wert von φ_1 an der betreffenden Stelle in der Zeit dt erfährt. Hierzu verhilft die Vorstellung von φ_1, die im vorigen Abschnitt entwickelt ist, daß nämlich φ_1 ein Wirkungsfeld darstellt, das sich mit dem festen Körper bewegt und sich außerdem relativ zu ihm verändert. In dem betrachteten Punkte des von Flüssigkeit erfüllten Raumes ändert sich also der Wert der Funktion φ_1 in zweierlei Weise: einmal dadurch, daß er sich in dem Felde der Funktion an der betreffenden Stelle relativ zum bewegten Körper ändert, und zweitens dadurch, daß infolge der Bewegung des Feldes zusammen mit dem bewegten Körper eine andere Stelle dieses Feldes, d. h. ein neuer Wert von φ_1, an den betreffenden Punkt des feststehenden Raumes tritt.

Zunächst werde der zweite Anteil berechnet.

In dem Punkte A (Fig. 5) des stillstehenden Raumes befindet sich zur Zeit t ein bestimmter Punkt des sich mit dem Körper mitbewegenden Wirkungsfeldes der Funktion φ_1. Man kann sich diesen Punkt durch einen Radiusvektor r_1, der nach dem Bezugspunkte 0 gezogen ist, mit dem Körper fest verbunden denken. Nach Verlauf von dt, also zur Zeit $t + dt$, ist dieser Punkt um eine gewisse Strecke ds_1 weiter gewandert. In dem Punkte A des feststehenden Raumes befindet sich jetzt ein neuer Punkt des Wirkungsfeldes, der zur Zeit t um die Strecke ds_1 zurückgelegen hat, und mit diesem Punkt auch der zu ihm gehörige Wert von φ_1. Der von der Bewegung des Feldes φ_1 herrührende Anteil der Änderung von φ_1 im Punkte A während der Zeit dt hat also den Wert:

$$-\frac{\partial \varphi_1}{\partial s_1} ds_1.$$

Der andere Anteil der Änderung von φ_1, der von der Veränderlichkeit von φ_1 relativ zum bewegten Körper herrührt, beträgt:

$$\frac{D\varphi_1}{Dt} dt,$$

wobei das Differentiationszeichen D eben diese lokale Änderung in dem mit dem Körper sich bewegenden Raume bezeichnen soll.

Die Gesamtänderung von φ_1 an der Stelle A des feststehenden Raumes beträgt also:

$$\frac{D\varphi_1}{Dt} dt - \frac{\partial \varphi_1}{\partial s_1} ds_1;$$

hieraus erhält man durch Division mit dt:

$$\frac{\partial \varphi_1}{\partial t} = \frac{D\varphi_1}{Dt} - \frac{\partial \varphi_1}{\partial s_1} \cdot \frac{ds_1}{dt} \quad \ldots\ldots \quad (13)$$

In analoger Weise ergibt sich für die Änderungsgeschwindigkeit von φ_2 an der Stelle A:

$$\frac{\partial \varphi_2}{\partial t} = \frac{D\varphi_2}{Dt} - \frac{\partial \varphi_2}{\partial s_1} \cdot \frac{ds_1}{dt} \quad \ldots\ldots \quad (14)$$

Hiermit gehen die beiden letzten Glieder von Gleichung (12) über in:

$$v_0 \frac{D\varphi_1}{Dt} + \omega \frac{D\varphi_2}{Dt} - \left(v_0 \frac{\partial \varphi_1}{\partial s_1} + \omega \frac{\partial \varphi_2}{\partial s_1}\right) \cdot \frac{ds_1}{dt} \quad \ldots \quad (15)$$

Die beiden letzten Glieder dieses Ausdruckes lassen sich noch umformen:

Nach der Definition von φ_1 und φ_2 stellt der Klammerausdruck

$$\left(v_0 \frac{\partial \varphi_1}{\partial s_1} + \omega \frac{\partial \varphi_2}{\partial s_1}\right)$$

nichts anderes dar als die Komponente der Strömungsgeschwindigkeit, die in die Richtung von ds_1 fällt.

Der Wert $\frac{ds_1}{dt}$ ist die Geschwindigkeit, die der Endpunkt des mit dem festen Körper fest verbunden gedachten Radiusvektors r_1 besitzt; sie ist mit ds_1 gleichgerichtet. Wird diese Geschwindigkeit mit w und die Komponente der Strömungsgeschwindigkeit in ihrer Richtung mit c^w bezeichnet, so ergibt sich schließlich für den Klammerausdruck der Gleichung (15) der einfache Ausdruck:

$$\left(v_0 \frac{\partial \varphi_1}{\partial s_1} + \omega \frac{\partial \varphi_2}{\partial s_1}\right) \frac{ds_1}{dt} = c^w \cdot w \quad \ldots\ldots \quad (16)$$

Damit ist der Wert von $\frac{\partial \varphi}{\partial t}$ vollständig ermittelt. Durch Einsetzen aller gefundenen Werte in die Ausgangsgleichung (12) erhält man:

$$\frac{\partial \varphi}{\partial t} = \varphi_1 \frac{dv_0}{dt} + \varphi_2 \frac{d\omega}{dt} + v_0 \frac{D\varphi_1}{Dt} + \omega \frac{D\varphi_2}{Dt} - w \cdot c^w \quad (17)$$

Hierin rühren die ersten beiden Glieder von einer Veränderlichkeit der Werte v_0 und ω her; die beiden nächsten Glieder berücksichtigen die Veränderungen, die die Funktionen φ_1 und φ_2 relativ zu dem bewegten Körper erfahren; w ist die Geschwindigkeit des Endpunktes eines Radiusvektors, der nach dem Punkte A von dem Bezugspunkt 0 des festen Körpers gezogen ist und, mit diesem fest verbunden gedacht, an seiner Bewegung teilnimmt; c^w schließlich ist die Komponente der Strömungsgeschwindigkeit im Punkte A, die in die Richtung von w fällt.

Ist ε_1 der Winkel zwischen r_1 und ω, so ist w die Resultierende von v_0 und $\omega r_1 \sin \varepsilon_1$.

5. Im folgenden sollen — entsprechend den praktisch zunächst wichtigen Aufgaben — nur Fälle behandelt werden, bei denen v_0 und ω konstant sind. Damit verschwinden auf der rechten Seite der Gleichung (17) die ersten beiden Glieder.

Ferner wird, weil dies ebenfalls für die praktischen Bedürfnisse ausreicht, angenommen, daß v_0 und ω, als Vektoren gedacht, einander parallel sind. Der feste Körper behält dann während seiner Bewegung gegenüber diesen beiden Größen stets die gleiche Lage bei; damit wird auch das dritte und das vierte Glied von Gleichung (17) zu Null.

Es ist also unter den getroffenen Voraussetzungen:

$$\frac{\partial \varphi}{\partial t} = - w \cdot c^w \quad \dots\dots\dots \quad (18)$$

Die Energiegleichung (11), die den Ausgangspunkt der ganzen Untersuchung bildete, nimmt also jetzt die einfache und anschauliche Form an:

$$g H = w \cdot c^w + \text{konst.} \quad \dots\dots\dots \quad (19)$$

Für den Fall, daß der feste Körper ein mit konstanter Winkelgeschwindigkeit um eine feststehende Achse rotierendes Schaufelrad ist, wird w die »Umfangsgeschwindigkeit« des Punktes A, der von der Rotationsachse den Abstand R hat, vom Betrage:

$$u = R \cdot \omega.$$

c^w läßt sich als c^u schreiben, und man erhält:

$$g H = u c^u + \text{konst.} \quad \dots\dots\dots \quad (20)$$

Herrscht am Eintritt des Rades der Wert $u_1 \cdot c_1^u$, am Austritt der Wert $u_2 c_2^u$, so ist

$$H_2 - H_1 = \frac{u_2 c_2^u}{g} - \frac{u_1 c_1^u}{g} \quad \ldots\ldots \quad (21)$$

die Energiedifferenz, die durch das rotierende Rad zwischen Austritt und Eintritt aufrechterhalten wird. Beträgt die Flüssigkeitsmenge, die das Rad in der Zeiteinheit durchströmt, q, so ist die in der Zeiteinheit auf die Flüssigkeit übertragene Energie, die Leistung des Rades:

$$L = q \cdot \gamma \cdot \left(\frac{u_2 c_2^u}{g} - \frac{u_1 c_1^u}{g} \right) \quad \ldots\ldots \quad (22)$$

Dies ist die längst bekannte und gebräuchliche Hauptgleichung der Turbinentheorie, und es hätte nicht der ausführlichen Ausführungen dieses Kapitels bedurft, um sie allein abzuleiten. Der Wert der eingehenden Überlegungen besteht vielmehr darin, daß über die Natur des Geschwindigkeitspotentials bei der Bewegung fester Körper bestimmte Vorstellungen gebildet sind, daß der Gültigkeitsbereich der Beziehung (19) für allgemeinere Strömungen festgestellt ist und daß die Erweiterungen, die zu ihr außerhalb dieses Bereichs hinzutreten müssen, vollständig ermittelt sind.

5. Der Gültigkeitsbereich der Beziehung (19), wie er sich aus den allgemeinen Ableitungen dieses Kapitels ergibt, ist bedeutend größer als derjenige, für den die Beziehung (22) der normalen Turbinentheorie in den allermeisten Fällen ableitet und benutzt wird. Die Gleichung (19) gilt nicht nur für die Energiedifferenz zwischen zwei Gebieten, die vom rotierenden Rade so weit entfernt sind, daß in ihnen bereits eine annähernd stationäre Absolutströmung herrscht, sondern sie gilt für jeden Punkt des Strömungsgebietes innerhalb und außerhalb des Rades, mögen die an der betreffenden Stelle herrührenden Ungleichmäßigkeiten der Strömungsverhältnisse, die bekanntlich mit der Energieübertragung durch Schaufelräder verbunden sind, noch so groß sein.

Dagegen gibt sie auch nicht den geringsten Anhalt dafür, welche Strömung bei der Bewegung des festen Körpers eigentlich entsteht. Sie sagt nur aus: Wenn die entstehende Strömung an der betrachteten Stelle die Geschwindigkeitskomponente c^w aufweist, dann ist die Energie an der Stelle um den Betrag $\frac{w \cdot c^w}{g}$ größer als eine im ganzen Flüssigkeitsgebiet gültige Konstante. Diese scharf begrenzte Aussage hat sie mit den Eulerschen Gleichungen gemeinsam, aus denen sie nach mannigfaltigen Umformungen hervorgegangen ist. Diese geben auch nur Auskunft über die Druckverhältnisse bei gegebenen Strömungen; welcher Art bei den gegebenen äußeren Verhältnissen die sich einstellenden Strömungen sind, ergibt sich erst durch Integration der Kontinuitätsgleichung für die gegebenen Randbedingungen.

6. Die abgeleitete Energiebeziehung soll nun dazu benutzt werden, um für ein verhältnismäßig einfaches Beispiel, das eine vollständige zahlenmäßige Behandlung zuläßt, die Strömungsverhältnisse unter besonderer Berücksichtigung der Energieübertragung zu untersuchen. Es wird ein solcher Körper gewählt, für den die Kontinuitätsgleichung bereits integriert ist, nämlich eine Platte von gradlinigem Querschnitt, die in ihrer Längsrichtung unendlich lang ist, so daß die Strömungsverhältnisse in jeder Ebene senkrecht zu ihrer Längenausdehnung gleich sind. Es genügt dann die Betrachtung der Strömung in einer dieser Ebenen; Geschwindigkeiten senkrecht zu ihr sind nicht vorhanden; man kann die angenommenen Verhältnisse verwirklichen durch materielle Ausführung zweier solcher Ebenen, die die angenommene Platte rechtwinklig schneiden.

Man bezeichnet diese Art der Strömung als zweidimensional; die Koordinatenrichtung der Binormalen verschwindet gänzlich aus den Eulerschen Gleichungen, deren Anzahl sich dadurch auf zwei reduziert; ebenso verschwindet auch das dritte Glied aus der Kontinuitätsbedingung. Diese Vereinfachung der Rechnung ist auch der Zweck der vereinfachten Annahmen; man erhält Verhältnisse, die bedeutend einfacher zu behandeln sind als die allgemeineren dreidimensionalen; selbstverständlich ist bei der Übertragung der gewonnenen Resultate auf die Wirklichkeit entsprechende Vorsicht geboten.

Die Hauptvereinfachung, die durch die Beschränkung auf zwei Dimensionen erreicht wird, besteht darin, daß sich außer dem Geschwindigkeitspotential noch eine zweite Funktion aufstellen läßt, die ähnliche mathematische Eigenschaften besitzt, der physikalischen Vorstellung aber zugänglicher ist.

Zur näheren Erklärung werde noch einmal auf die allgemeine Strömung, die durch die Bewegung des festen Körpers hervorgerufen wird, zurückgegriffen. Für den Fall, der hier allein interessiert, nämlich konstante und parallele Werte von v_0 und ω (falls nicht überhaupt eine der beiden Größen Null ist), liefert das Geschwindigkeitspotential φ der Bewegung ein relativ zum Körper unverändertes Feld, das mit ihm fest verbunden fortschreitet. Dieses Feld kann durch eine Schar von Flächen, auf denen φ jeweils konstant ist, dargestellt werden. Es wird hier als bekannt angenommen, daß die Stromlinien der Bewegung diese Flächen an jeder Stelle rechtwinklig schneiden. Die Stromlinien bilden daher ebenfalls ein Feld, das relativ zum Körper unverändert bleibt und mit ihm fest verbunden fortschreitet.

An dieser Stelle mag noch besonders hervorgehoben werden, daß sämtliche bisherigen Ausführungen allein derjenigen Strömung gelten, die in der Turbinentheorie als Absolutströmung bezeichnet wird; auch das zuletzt erwähnte Stromliniensystem ist dasjenige der Absolutbewegung.

Für die zweidimensionale Bewegung lassen sich die Stromlinien ebenso einfach durch eine Funktion ausdrücken, wie allgemein das Geschwindigkeitspotential.

Die Kontinuitätsbedingung, die hier

$$\frac{\partial c}{\partial s} + \frac{\partial c^n}{\partial n} = 0 \quad \ldots \ldots \quad (23)$$

lautet, läßt sich nämlich integrieren durch Einführung von

$$\left.\begin{aligned} c &= \frac{\partial \psi}{\partial n} \\ \text{und} \qquad c^n &= -\frac{\partial \psi}{\partial s} \end{aligned}\right\} \quad \ldots \ldots \quad (24)$$

Man überzeugt sich leicht, daß diese Ausdrücke die Gleichung (23) befriedigen. Als Bedingungsgleichung für ψ erhält man aus der Wirbelgleichung

$$2\lambda_m = -\frac{\partial c^n}{\partial s} + \frac{\partial c}{\partial n}$$

durch Einsetzen von (24) die Beziehung:

$$\frac{\partial^2 \psi}{\partial s^2} + \frac{\partial^2 \psi}{\partial n^2} = 0 \quad \ldots \ldots \quad (25)$$

Diese Gleichung gilt in derselben Form auch für beliebige andere rechtwinklige Koordinaten, z. B. für x und y:

$$\frac{\partial^2 \psi}{\partial x^2} + \frac{\partial^2 \psi}{\partial y^2} = 0;$$

vereinfacht auch geschrieben:

$$\Delta \psi = 0 \quad \ldots \ldots \ldots \quad (26)$$

Sie stimmt der Form nach mit der Gleichung für das Geschwindigkeitspotential überein, die sich hier, bei der zweidimensionalen Behandlung, ebenfalls auf zwei Glieder reduziert.

Die Bedeutung von ψ geht aus der Beziehung (24) hervor:

Durch einen Kanal, der begrenzt wird durch die Zylinderflächen, die über zwei im Abstand δn gezogene Stromlinien mit Erzeugenden senkrecht zu c und δn errichtet sind, und durch zwei im Abstande der Längeneinheit befindliche Ebenen, die die Zylinderflächen senkrecht schneiden, strömt eine Flüssigkeitsmenge $c \cdot \delta n$. Nach Beziehung (24) ist aber:

$$c \cdot \delta n = \frac{\partial \psi}{\partial n} \cdot \delta n = \delta \psi;$$

wenn $\delta \psi$ die Zunahme bedeutet, die ψ beim Übergang von einer Stromlinie zur benachbarten im Abstande δn erfährt. ψ bedeutet also bis auf eine additive Konstante die Flüssigkeitsmenge, die zwischen zwei Stromlinien strömt. Daß der Wert von ψ, wie es hierdurch gefordert wird, längs einer Stromlinie konstant ist, folgt aus der Beziehung für die Neigung der Stromlinie in einem beliebigen Punkt. Bezieht man die Stromliniengleichung auf ein rechtwinkliges Koordinatensystem x, y, so gilt, wenn x und y zueinander liegen wie dn und c:

$$c_x = -\frac{\partial\psi}{\partial y}$$

$$c_y = \frac{\partial\psi}{\partial x};$$

die Neigung der Stromlinie ist also gegeben durch:

$$\frac{c_y}{c_x} = -\frac{\frac{\partial\psi}{\partial x}}{\frac{\partial\psi}{\partial y}} \quad \ldots\ldots\ldots\ldots \quad (26)$$

Die rechte Seite stimmt überein mit dem Ausdruck für die Neigung einer Kurve

$$\psi(x, y) = \text{konst.};$$

die Stromlinien, deren Differentialgleichung (26) ist, sind also Kurven, längs denen ψ konstant ist.

Man erhält also Stromlinienbilder, die zur Darstellung einer Strömung geeignet sind, dadurch, daß man Kurven für konstante Werte von ψ mit gleichbleibendem Intervall zieht; ist dies Intervall genügend klein gewählt, so kann an jeder Stelle mit genügender Genauigkeit die Geschwindigkeit als Quotient von $\delta\psi$ und δn aus dem Stromlinienbilde entnommen werden; auch die Komponente der Geschwindigkeit in einer beliebigen Richtung ergibt sich einfach als Quotient von $\delta\psi$ und derjenigen Länge $\delta n'$, die auf einer Senkrechten zu der gegebenen Richtung durch die beiden aufeinanderfolgenden Stromlinien abgeschnitten wird.

Zu einer unmittelbaren Benutzung der Beziehung

$$gH = w \cdot c^w + \text{konst.}$$

ist also das Stromlinienbild für konstante Werte von ψ noch mehr geeignet als das Feld des Geschwindigkeitspotentials; aus diesem Grunde wird es im folgenden vorzugsweise angewendet.

Die Kurven konstanten Geschwindigkeitspotentials werden bekanntlich durch die Stromlinien orthogonal geschnitten. Zeichnet man also Kurvenscharen für konstante Werte von ψ

und von φ übereinander, so erhält man ein Kurvennetz mit orthogonalen Maschen; für den Fall, daß die Intervalle von ψ und φ gleich sind, nähert sich die Form der Maschen bei abnehmendem Intervall der Quadratform.

Die Funktion ψ wird als »Stromfunktion« bezeichnet.

Die Randbedingungen für diese Stromfunktion liegen in ähnlicher Weise fest, wie es für das Geschwindigkeitspotential im Abschnitt 2 dieses Kapitels gezeigt worden ist; auch hier gilt bei einer Bewegung aus der Ruhe heraus, wie sie zunächst vorausgesetzt ist, daß die Geschwindigkeiten im Unendlichen Null sind, während auf dem festen Körper in jedem Punkte die zu seiner Begrenzung senkrecht gerichtete Komponente der Strömungsgeschwindigkeit gegeben ist. Während hier durch aber für das Geschwindigkeitspotential die Ableitung in der Normalenrichtung zur Körperoberfläche gegeben ist, wird die Stromfunktion, wie aus den Beziehungen (24) hervorgeht, durch die Ableitung in der Richtung der Körperbegrenzung selbst gegeben, d.h. direkt in ihrem Verlauf auf der Körperbegrenzung[1]).

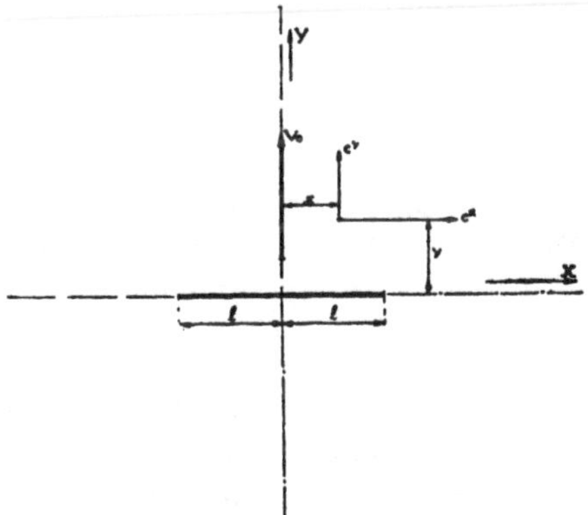

Fig. 6.

7. Die Platte, deren Strömungsverhältnisse nunmehr eingehend untersucht werden sollen, ist in Fig. 6 als gerade

[1]) Genaueres über die Stromfunktion findet sich in jedem Lehrbuch, ebenso in der bereits zitierten Literatur.

Linie von der Länge $2\,l$ dargestellt. Ihr Mittelpunkt falle mit dem Ursprung des rechtwinkligen Koordinatensystems x, y zusammen, die x-Achse liegt in der Richtung der Platte selbst.

Die Beziehungen für die Stromfunktion und für das Geschwindigkeitspotential bei beliebiger Bewegung der Platte finden sich in dem bereits zitierten Werke von Lamb[1]). Die Platte erscheint hier als Grenzfall eines Zylinders von elliptischem Querschnitt. Hiermit hängt es zusammen, daß die Rechnungen sehr vereinfacht werden, wenn zwei neue Hilfsvariabele ξ und η benutzt werden, die mit x und y durch die Gleichungen

$$x = l\,\mathfrak{Cos}\,\xi\cos\eta \quad \ldots\ldots\ldots \quad (28)$$

und

$$y = l\,\mathfrak{Sin}\,\xi\sin\eta \quad \ldots\ldots\ldots \quad (29)$$

verbunden sind. Erhebt man beide Gleichungen ins Quadrat, so erhält man nach Addition der Quadrate:

$$\frac{x^2}{l^2\,\mathfrak{Cos}^2\,\xi} + \frac{y^2}{l^2\,\mathfrak{Sin}^2\,\xi} = 1 \quad \ldots\ldots \quad (30)$$

und durch Subtraktion:

$$\frac{x^2}{l^2\cos^2\eta} - \frac{y^2}{l^2\sin^2\eta} = 1 \quad \ldots\ldots \quad (31)$$

Gleichung (30) stellt für einen bestimmten Wert von ξ eine Ellipse, Gleichung (31) für einen bestimmten Wert von η eine Hyperbel dar; sämtliche Ellipsen und Hyperbeln für alle Werte von ξ und η haben die Brennpunkte gemeinsam, die mit den Endpunkten der geraden Linie von der Länge $2\,l$ zusammenfallen.

Ein bestimmter Punkt ist durch die neuen Veränderlichen ξ und η als Schnittpunkt einer Ellipse mit dem Parameter ξ und einer Hyperbel mit dem Parameter η festgelegt. Die Ellipse für $\xi = 0$ fällt mit der geraden Linie $2\,l$ zusammen; ξ variiert von 0 bis ∞; η durchläuft alle Werte von 0 bis 2π.

8. Zunächst werde der einfachste Fall untersucht, daß nämlich die Platte eine geradlinige Bewegung mit konstanter Geschwindigkeit senkrecht zu ihrer Längsrichtung, d. h. also in der y-Richtung, ausführt.

---

[1]) S. Lamb, l. c. § 70.

Der Ausdruck für die Stromfunktion der durch diese Plattenbewegung in einer im Unendlichen ruhenden Flüssigkeit hervorgerufenen Strömung lautet:

$$\psi = v_0 \cdot l \cdot e^{-\xi} \cdot \cos\eta \quad \ldots \ldots \ldots \quad (32)$$

Durch Ausführung der entsprechenden Differentiationen überzeugt man sich leicht, daß die Differentialgleichung für ψ:

$$\frac{\partial^2 \psi}{\partial x^2} + \frac{\partial^2 \psi}{\partial y^2} = 0$$

erfüllt ist. Ferner ist nachzuprüfen, ob die Randbedingung auf der Plattenbegrenzung erfüllt ist.

Die Plattengeschwindigkeit steht durchweg senkrecht zu der Platte selbst; die y-Komponente der Strömungsgeschwindigkeit muß also auf der ganzen Platte gleich der Plattengeschwindigkeit v_0 sein; die Größe ψ muß längs der Platte proportional mit x variieren; jedes Längenelement dx der Platte schiebt auf der Vorderseite die Flüssigkeitsmenge $v_0 dx$ vor sich her und zieht dieselbe Menge auf der Rückseite hinter sich nach. (Sämtliche Flüssigkeitsmengen gelten pro Längeneinheit der Höhe.)

Auf der Platte ist, wie bereits erwähnt, $\xi = 0$; also

$$\psi = v_0 \cdot l \cdot \cos\eta.$$

Aus Gleichung (28) folgt aber für $\xi = 0$, $\mathfrak{Cof}\,\xi = 1$:

$$\cos\eta = \frac{x}{l};$$

also wird auf der Platte:

$$\psi = v_0 \cdot x \text{ und}$$

$$c^y = \frac{\partial \psi}{\partial x} = v_0,$$

wie es sein muß.

In größerer Entfernung von der Platte, d. h. für größere Werte von ξ, nimmt ψ entsprechend dem Verlauf von $e^{-\xi}$ bei wachsendem ξ schnell ab, um im Unendlichen den Wert Null zu erhalten; dasselbe gilt auch für die Geschwindigkeiten selbst, die den Faktor $e^{-\xi}$ ebenfalls enthalten.

Die Grenzbedingungen sind also der gestellten Aufgabe entsprechend erfüllt; der angegebene Wert von ψ gibt tatsächlich diejenige Strömung wieder, die durch die Bewegung der Platte senkrecht zu sich selbst mit der Geschwindigkeit v_0 hervorgerufen wird.

Für eine zahlenmäßige Durchrechnung, die hier ausgeführt werden soll, wird zur Vereinfachung l gleich der Längeneinheit gesetzt; die Geschwindigkeit v_0 wird so gewählt, daß in der Zeiteinheit das Vierfache der Längeneinheit durchlaufen wird; es wird also gesetzt:

$$v_0 = 4, \quad l = 1$$

und

$$\psi = 4\,e^{-\xi} \cos \eta \quad \dots\dots\dots \quad (33)$$

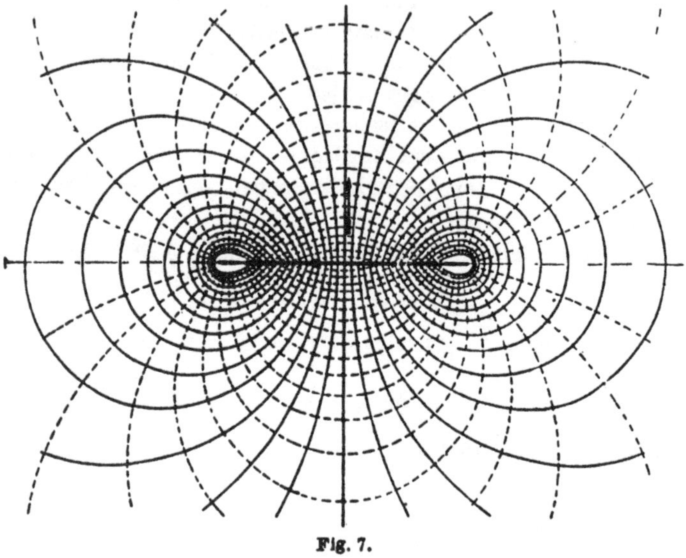

Fig. 7.

Fig. 7 zeigt das Stromlinienbild für diese Strömung; das Intervall von ψ ist zu 0,2 angenommen, d. h. zwischen zwei der ausgezogenen Kurven strömt eine Flüssigkeitsmenge von 0,2 Einheiten, bezogen auf die Einheit der Höhe.

Die Geschwindigkeit an jeder Stelle ist dem Abstand, den zwei benachbarte Stromlinien an dieser Stelle haben, umgekehrt proportional; streng genommen gilt dies nur für unendlich nahe benachbarte Stromlinien, praktisch auch für endliche kleine Abstände.

Die Kurven konstanten Geschwindigkeitspotentials sind in die Figur gestrichelt eingetragen, ebenfalls für das Intervall 0,2; man sieht, daß die beiden Kurvenscharen sich rechtwinklig schneiden und daß die entstehenden Kurvenvierecke merklich sich der Quadratform nähern.

Die Stromlinien setzen auf der Platte in gleichen Abständen an, aber nicht senkrecht, sondern mit einer Neigung, die von der Mitte nach außen stark abnimmt. Das Stromlinienbild ist sowohl zur x- wie zur y-Achse symmetrisch.

In einiger Entfernung vor der Platte nehmen die Abstände benachbarter Stromlinien schnell zu, entsprechend dem Abklingen der durch die Plattenbewegung hervorgerufenen Störung. An den Endpunkten der Platte treten unendliche Geschwindigkeiten auf, wie man aus dem Zusammenrücken der Stromlinien an diesen Stellen ersieht. Diese Eigenschaft der theoretischen Strömung läßt sich nicht verwirklichen, vielmehr gehen in den wirklichen Flüssigkeiten von den Plattenenden Wirkungen aus, die allmählich eine starke Veränderung der Strömung herbeiführen. Hierauf wird später kurz eingegangen werden; zunächst soll die theoretische Lösung, so wie sie sich ergibt, beibehalten werden.

9. An Hand der Fig. 7 läßt sich nun leicht feststellen, wie sich in einem festgehaltenen Punkte innerhalb der Flüssigkeit die Strömungsenergie infolge der Plattenbewegung zeitlich ändert. Da das Stromlinienbild relativ zur Platte dasselbe bleibt, sich mit ihr also über den festgehaltenen Punkt mit der Geschwindigkeit v_0 hinwegbewegt, erhält man den Verlauf der Strömungsenergie in einem beliebigen feststehenden Punkt, indem man das Kurvennetz der Fig. 7 mit einer Geschwindigkeit von gleicher Größe, aber entgegengesetzter Richtung wie v_0 auf einer Parallelen zur y-Achse, die durch den betreffenden Punkt geht, durchschreitet und die Energiebeträge, die man hierbei im Verlaufe der Zeit passiert, als Funktion der Zeit, von einem beliebigen Anfangspunkt an gerechnet, aufträgt.

Die Energie läßt sich leicht aus dem Stromliniennetz entnehmen.

Nach Gleichung (19) ist:

$$gH = w \cdot c^w + \text{konst.}$$

Die Konstante kann unbeschadet der Allgemeinheit Null gesetzt werden; $w = v_0$ war zu 4 Längeneinheiten in der Zeiteinheit angenommen; c^w erhält man, wenn $\delta n'$ die Länge ist, die auf einer zur x-Achse gezogenen Parallelen durch zwei benachbarte Stromlinien abgeschnitten wird, zu

$$c^w = \frac{\delta \psi}{\delta n'} = \frac{0{,}2}{\delta n'};$$

es wird also:

$$gH = w \cdot c^w = \frac{4 \cdot 0{,}2}{\delta n'} = \frac{0{,}8}{\delta n'} \quad . \; . \; . \; . \; . \quad (34)$$

Ein bestimmter Wert von $\delta n'$ wird dabei dem Schnittpunkt zwischen der erwähnten Parallelen zur x-Achse und der Mittellinie des durch die zugehörigen zwei Stromlinien gebildeten Kanals zugeordnet.

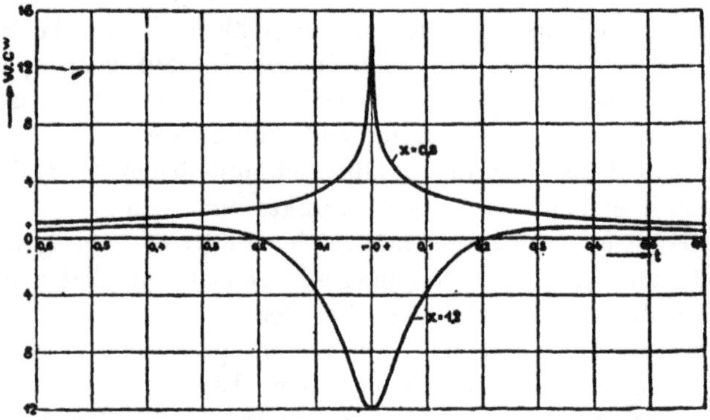

Fig. 8.

Fig. 8 enthält zwei Kurven, die auf diese Weise erhalten sind; die eine gilt für einen um die Strecke 0,8, die zweite für einen um die Strecke 1,2 von der y-Achse entfernten Punkt. Die Abstände sind so gewählt, daß zwischen dem betrachteten Punkt und dem Plattenendpunkt stets ein genügender Abstand bleibt, damit die hier theoretisch auftretende unendliche Geschwindigkeit die auftretenden Verhältnisse nicht unnötig verwickelt macht.

Der Nullpunkt der Zeit ist dabei in den Moment gelegt, in dem sich der betreffende Punkt in der Verlängerung der Platte befindet, bzw. auf der Platte selbst, in dem also die x-Achse durch den Punkt hindurchgeht; die Zeiten vorher zählen negativ; diejenigen nachher. positiv.

Es werde zunächst der Punkt im Abstande 0,8 von der y-Achse betrachtet.

Solange die Platte sehr weit entfernt ist, bleibt die Flüssigkeit in seiner Umgebung annähernd in Ruhe; c^w ist Null, und damit auch, da die Konstante der Beziehung (19) gleich Null gesetzt ist, sein Energiebetrag. Die Platte nähert sich, die Geschwindigkeit in dem Punkte wächst langsam und besitzt, wie man aus dem Stromlinienbild ersieht, stets eine mit $w = v_0$ gleichgerichtete Komponente c^w. Die Strömungsenergie in dem Punkte wächst also zuerst langsam, dann schneller. In dem Augenblick, in dem die Platte durch den Punkt hindurchgeht, ist $c^w = w$; also $gH = 4 \cdot 4 = 16$. Auf diesen Wert schnellt die Energie nur für einen Augenblick in die Höhe; sowie die Platte durch den Punkt hindurchgegangen ist, fällt ihr Wert ebenso plötzlich ab, um beim Weiterschreiten der Platte allmählich wieder auf Null abzunehmen.

Ähnlich ist der Energieverlauf für den Punkt im Abstande 1,2 von der y-Achse. Auch hier ist zunächst die Energie Null; dann erfolgt ein langsames Ansteigen. Wie man aber aus der Stromlinienfigur ersieht, findet hier in einem bestimmten Moment eine Umkehr der Komponente c^w statt; die Energie geht in diesem Moment durch Null und nimmt darauf negative Werte an. Auch hierbei tritt der extremste Wert von gH in dem Augenblick auf, in dem die x-Achse durch den betreffenden Punkt geht, d. h. zurzeit $t = 0$; bei der Weiterbewegung der Platte wächst die Energie wieder bis auf Null, nimmt einen gewissen positiven Höchstwert an und sinkt dann wieder allmählich auf Null.

Die beiden gezeichneten Kurven sind typisch für den gesamten Energieverlauf, die Verhältnisse für sämtliche andere

Punkte sind ähnlich. Alle Punkte, deren Abstand von der y-Achse kleiner ist als die halbe Plattenlänge $l = 1$, erhalten einmal den Energiebetrag $gH = 16$; alle Punkte im größeren Abstand weisen in dem Moment, in dem die x-Achse durch sie hindurchgeht, negative Energiebeträge auf, deren Werte mit größer werdendem Abstand vor der y-Achse schnell abnehmen.

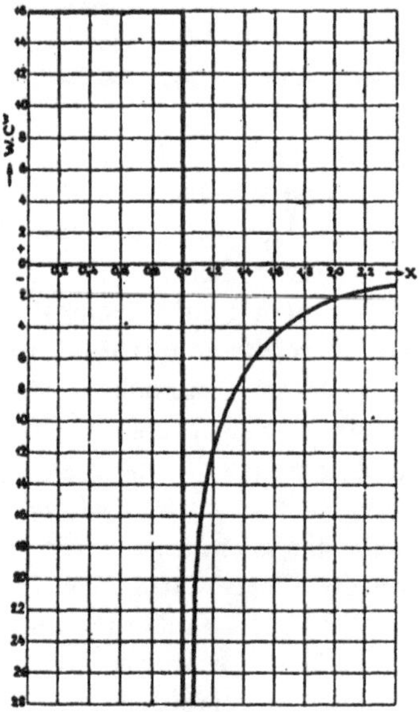

Fig. 9.

In Fig. 9 ist zur weiteren Veranschaulichung der Energieverhältnisse zurzeit $t = 0$ der Energieverlauf längs der x-Achse aufgetragen, und zwar von $x = 0$ nach der positiven Seite. Für $x < 1$ ist $w \cdot c^w$ konstant, gleich 16 Einheiten; im Punkte $x = 1$ fällt der Energiebedarf plötzlich auf $-\infty$, entsprechend der hier theoretisch auftretenden unendlichen Geschwindigkeit um die Plattenkante herum; der negative Betrag wird bei wachsendem x ständig kleiner und nimmt allmählich auf Null ab.

Für negative x ist der Verlauf von gH vollkommen symmetrisch.

Das Bild für die auftretenden Energieänderungen bei der geradlinigen Querbewegung der Platte ist nun ziemlich vollständig.

In jedem Punkt steigt die Energie von dem Nullniveau aus bei der Annäherung der Platte, wächst auf einen größten Wert, nimmt evtl. auch negative Werte von bedeutendem Betrage an und sinkt bei weiterer Entfernung der Platte mehr oder weniger schnell wieder auf Null. Die Gesamtwirkung der Platte auf die Flüssigkeit ist Null; die Energie erfährt in keinem Punkte eine dauernde Änderung; von der Platte wird auf die Flüssigkeit keine Energie übertragen.

Auch eine Strömung senkrecht zu v_0, die man der bisher betrachteten ohne weiteres überlagern kann, da sie längs der Platte keine Normalkomponente der Geschwindigkeit besitzt, vermag hieran nichts zu ändern. Wie ein Blick auf Fig. 9 lehrt, die für negative x spiegelbildlich zu vervollständigen ist, würde hierbei ein Energietransport nicht auftreten; die in der Längsrichtung der Platte strömende Flüssigkeit tritt dabei aus einem Gebiet mit der Energie Null in ein anderes mit gleichem Energiewert über und gibt die positiven und negativen Energiebeträge, die sie auf ihrem Wege vor der y-Achse etwa erhält, auf der anderen Seite wieder ab.

Daß die Gesamtsumme der auf die Flüssigkeit übertragenen Energie Null sein muß, läßt sich auch direkt aus dem Stromlinienbild Fig. 7 folgern. Die Geschwindigkeiten auf der Vorderseite und die auf der Rückseite der Platte entsprechen einander vollkommen; infolgedessen sind auch die Drücke auf der Vorder- und der Rückseite der Platte gleich. Die Platte erfährt also bei der Bewegung keinen Widerstand; die auf sie zu übertragende Leistung zur Aufrechterhaltung der Bewegung ist Null, also auch die von ihr an die Flüssigkeit abgegebene Leistung.

Dieses Resultat läßt sich verallgemeinern und gilt für jeden festen Körper, der sich in der unendlich ausgedehnten idealen Flüssigkeit, die im Unendlichen ruht oder gradlinig strömt, mit konstanter Geschwindigkeit fortbewegt.

10. Der Turbinentheorie näher steht der jetzt zu behandelnde Fall: die Platte soll um einen ihrer Endpunkte rotieren.

Sie kann so gewissermaßen als eine Turbine bzw. Zentrifugalpumpe einfachster Form gelten, die von den praktisch ausgeführten Rädern zwar äußerlich stark verschieden ist, aber doch mit ihnen die typischen Eigenschaften gemeinsam hat.

Um die Stromfunktion für diese Bewegung der Platte zu erhalten, werde die Rotation um einen Endpunkt zerlegt in eine Rotation um den Mittelpunkt und eine Parallelverschiebung senkrecht zur Längsrichtung mit einer Geschwindigkeit vom Betrage Winkelgeschwindigkeit mal halber Plattenlänge. Man überzeugt sich leicht, daß die resultierende Bewegung, die diese beiden Bestandteile als Komponenten besitzt, in einer Rotation um einen Endpunkt der Platte besteht.

Die Stromfunktionen für diese beiden Bewegungsantriebe sind bekannt. Diejenige für die geradlinige Bewegung ist bereits in den vorigen Abschnitten benutzt, diejenige für die Rotation um den Mittelpunkt findet sich ebenfalls in der Hydrodynamik von Lamb (§ 72, S. 106). Für die Platte der Fig. 6 von der Länge $2\,l$ ist bei einer Winkelgeschwindigkeit ω:

$$\psi = \frac{1}{4}\,\omega\, l\, e^{-2\xi} \cos 2\,\eta \quad \ldots\ldots\ldots \quad (35)$$

die Stromfunktion für die Rotation um den Mittelpunkt. ξ und η haben dabei die bereits erläuterte Bedeutung und sind mit x und y durch die Beziehungen (28) und (29) verbunden.

Die halbe Plattenlänge l werde wieder zu 1 angenommen; damit die oben benutzte Figur für die Parallelbewegung mit $v_0 = 4$ benutzt werden kann, ist $\omega = 4$ zu setzen, damit wird:

$$\psi = e^{-2\xi} \cdot \cos 2\,\eta \quad \ldots\ldots\ldots \quad (36)$$

In ähnlicher Weise wie früher ergibt sich, daß hierdurch die Differentialgleichung (26) und die Randbedingungen erfüllt werden. Die Geschwindigkeiten im Unendlichen werden wieder Null, und zwar noch schneller als bei der Parallelbewegung, da hier der Exponent von e den doppelten negativen Wert hat wie oben. Auf der Platte selbst, für $\xi = 0$, ist:

$$\psi = \cos 2\,\eta = 2\cos^2 \eta - 1 = 2\,x^2 - 1;$$

hieraus ergibt sich die Normalkomponente der Strömungsgeschwindigkeit senkrecht zur Platte zu:

$$c^y = \frac{\partial \psi}{\partial x} = 4 \cdot x.$$

Dieser Wert stimmt mit der Umfangsgeschwindigkeit eines Plattenpunktes im Abstande x von der Rotationsachse, die überall senkrecht zur Plattenoberfläche gerichtet ist, überein; die Randbedingung auf der Platte ist also ebenfalls erfüllt; Gleichung (36) stellt also tatsächlich die Lösung für die Rotation um den Mittelpunkt dar. Fig. 10 zeigt die Stromlinien, ebenfalls für das Intervall $\delta\psi = 0{,}2$.

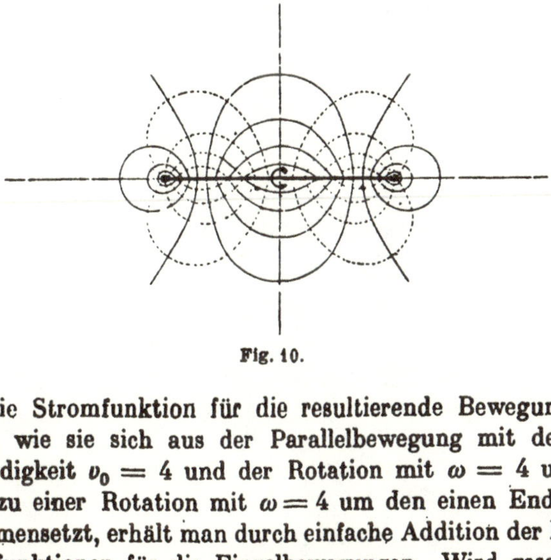

Fig. 10.

Die Stromfunktion für die resultierende Bewegung der Platte, wie sie sich aus der Parallelbewegung mit der Geschwindigkeit $v_0 = 4$ und der Rotation mit $\omega = 4$ um die Mitte zu einer Rotation mit $\omega = 4$ um den einen Endpunkt zusammensetzt, erhält man durch einfache Addition der beiden Stromfunktionen für die Einzelbewegungen. Wird gesetzt:

$$4\,e^{-\xi} \cos \eta = \psi_1$$

und

$$e^{-2\xi} \cos 2\eta = \psi_2,$$

so ist die resultierende Stromfunktion:

$$\psi = \psi_1 + \psi_2 \quad \ldots \ldots \ldots \ldots \quad (37)$$

Dies ist leicht zu beweisen. Man sieht zunächst ohne weiteres, daß die Summe aus zwei Funktionen, von denen jede die Differentialgleichung (26) befriedigt, diese Gleichung ebenfalls erfüllt. Die Grenzbedingung $c = 0$ im Unendlichen wird, da sie von ψ_1 und ψ_2 erfüllt wird, von ψ auch erfüllt, und auf der Platte selbst ergibt sich mit $\xi = 0$:

$$\psi = 4 \cos \eta + \cos 2 \eta = 4 x + 2 x^2 - 1,$$

$$c^y = \frac{\partial \psi}{\partial x} = 4 + 4 x = 4 (x + 1).$$

Die Normalkomponente von c längs der Plattenbegrenzung verläuft also proportional der Entfernung vom Endpunkte $x = -1$, stimmt also mit der Umfangsgeschwindigkeit des betr. Punktes überein, wenn die Platte um den Endpunkt $x = -1$ mit der Winkelgeschwindigkeit $\omega = 4$ rotiert.

Die Funktion ψ erfüllt also die gestellten Bedingungen.

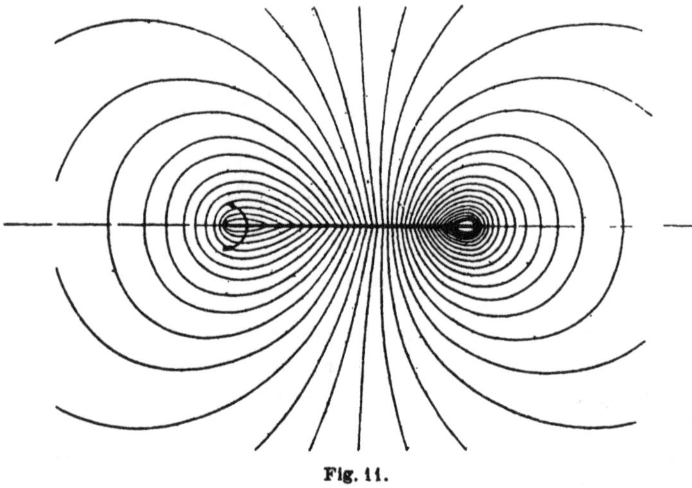

Fig. 11.

Das zugehörige Stromlinienbild ist aus den beiden Einzelstrombildern ebenfalls leicht zu zeichnen: man braucht nur die beiden Kurvenscharen übereinanderzulegen (etwa durch Benutzung von Pauspapier etc.) und in den entstehenden Kurvenvierecken die Diagonalen zu ziehen; die Kurvenzüge, zu denen sich diese zusammenschließen, geben dann das Stromliniennetz der resultierenden Strömung. Fig. 11 ist auf diese

Weise aus Fig. 10 und Fig. 7 erhalten. Der Beweis für dieses einfache Verfahren ist leicht zu führen, hier soll davon abgesehen werden[1]).

Die beiden Einzelstrombilder müssen für das gleiche Intervall gezeichnet sein; das resultierende Bild gilt dann für dasselbe Intervall. Fig. 10 hat ebenso wie Fig. 7 das Intervall 0,2, in der resultierenden Fig. 11 ist also ebenfalls $\delta\psi = 0{,}2$.

Das gleiche Verfahren der Übereinanderlagerung gilt naturgemäß auch für die Kurven konstanten Geschwindigkeitspotentials; da diese hier aber nicht weiter gebraucht werden, sind sie in die Fig. 11 nicht eingetragen.

11. Das resultierende Stromlinienbild Fig. 11 läßt nun ebenfalls ersehen, daß eine Energieübertragung auf die Flüssigkeit auch bei der Rotation nicht stattfindet. Die Stromlinien verlaufen zur Platte vollkommen symmetrisch; die Drücke auf der Vorder- und Rückseite der Platte sind daher vollkommen gleich, die Platte erfährt weder eine Kraft noch ein Drehmoment als Widerstand und ist daher nicht imstande, Energie auf die Flüssigkeit zu übertragen.

Dies wird im einzelnen durch die Fig. 12 und 13 bestätigt. Fig. 12 zeigt wieder, ähnlich wie Fig. 8 bei der geradlinigen Bewegung der Platte, den Energieverlauf über der Zeit in zwei feststehenden Punkten, die von der Rotationsachse den Abstand $1 + 0{,}8$ und $1 + 1{,}2$ Einheiten haben. Als Nullpunkt der Zeit ist wieder der Moment angenommen, in dem die x-Achse bei der Rotation durch die betreffenden Punkte hindurchgeht. Die Fig. 12 gilt für die Gesamtdauer einer Umdrehung $\left(t = \frac{1}{\omega} = \frac{1}{4} = 0{,}25\right)$; bei jeder weiteren Umdrehung wiederholt sich dasselbe Spiel. Der Energieverlauf in den festgehaltenen Punkten ist hier ähnlich wie bei der Parallelbewegung der Platte (Fig. 8); auch hier zeigt sich das rasche Ansteigen der Energie auf verhältnismäßig große positive oder negative Werte in den Zeiten der Plattennähe und das asymptotische Abfallen auf einen kleineren Wert,

[1]) S. hierzu Lanchester, l. c., Band I, § 74.

der stets gleich demjenigen ist, der bei der symmetrischen Lage der Platte vorhanden war. Die Punkte in Abständen von der Rotationsachse >2 erhalten dabei auch negative Energiebeträge, diejenigen für $x+1<2$ nur positive, deren Höchstwert, wie man leicht einsieht, $r^2\omega^2 = 16r^2$ ist, wenn $r = x + 1$ den Abstand von der Rotationsachse bezeichnet. Der größte auftretende positive Energiebetrag ist $16 \cdot 2^2 = 64$; der größte auftretende negative $-\infty$, wie im ersten Beispiel.

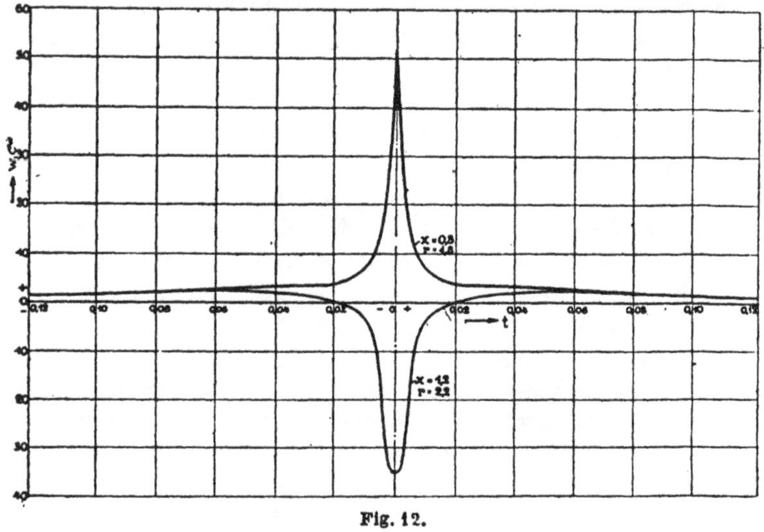

Fig. 12.

Fig. 13 enthält noch einige weitere Kurven, die sämtlich für die Zeit $t = 0$ gelten und den augenblicklichen Energiezustand auf verschiedenen in diesem Moment durch den Rotationsmittelpunkt gezogenen Radien zeigen; die Radien sind gezogen unter den Winkeln ϑ gegen die x-Achse. Sämtliche Kurven beginnen mit dem Wert Null und fallen nach verschiedenartigstem Verlauf wieder auf Null herab. Den ausgeprägtesten Verlauf hat die Kurve für $\vartheta = 0$, die den Verlauf längs dem die Platte enthaltenden Radius zeigt. Die Energie wächst längs der Platte parabelförmig auf den Höchstwert 64, fällt für $r = x + 1 = 2$ von $+64$ auf $-\infty$ und steigt dann erst rasch, dann langsamer wieder hinauf, um sich dem Wert Null langsam zu nähern.

Die Kurve für $\vartheta = 0{,}1$ (im Bogenmaß) zeigt einen ähnlichen Verlauf, jedoch ohne die Unstetigkeiten der ersten Kurve. Für größere Winkel wird der Verlauf immer gleichmäßiger; die Kurve für $\vartheta = \pi$ ist nur noch schwach gekrümmt und sinkt überhaupt nicht unter die Nullachse.

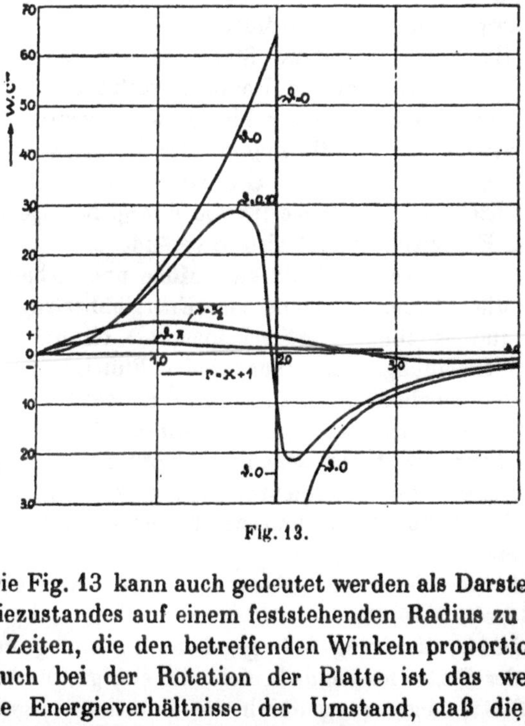

Fig. 13.

Die Fig. 13 kann auch gedeutet werden als Darstellung des Energiezustandes auf einem feststehenden Radius zu verschiedenen Zeiten, die den betreffenden Winkeln proportional sind.

Auch bei der Rotation der Platte ist das wesentliche für die Energieverhältnisse der Umstand, daß die Energie im Rotationsmittelpunkt und in größerer Entfernung vor der Platte Null ist, bzw. denselben Wert hat. Die angenommene Elementarturbine ist also bei der bis jetzt vorausgesetzten Strömung nicht im Stande, eine dauernde Energiedifferenz zwischen dem Gebiet am Beginn der Platte (das hier allerdings zu einem Punkte zusammengeschrumpft ist) und den Gebieten außerhalb aufrechtzuerhalten: Eine Flüssigkeitsmenge, die bei Ausbildung des Rotationsmittelpunktes als Quelle auf radialen Stromlinien durch das Energiefeld der Fig. 11 hindurchströmen würde, hätte deswegen trotz der mannigfaltig wechselnden Energiewerte, die von den einzelnen Teilchen durchlaufen werden, im ganzen keine Energie zu transportieren, sondern würde einfach nach einigen Störungen in ihrem gleichförmigen Zustand, den sie vom Ursprung her besitzt, in größerer Entfernung von der Platte mit unverändertem Energiegehalt weiterströmen.

Daß die zuletzt erwähnte Strömung auf radialen Geraden mit der angenommenen Rotation verträglich ist, geht daraus hervor, daß sie längs der Platte nur tangentiale Komponenten besitzt, die Randbedingung der Rotationsströmung also nicht berührt. Da ihre Geschwindigkeiten durchweg radial gerichtet sind, liefert sie für die Energiebeträge keinen Anteil, das Energiefeld bleibt also unverändert.

12. Es ist bisher also trotz aller Mühe und Arbeit nicht gelungen, die Elementarturbine zur Energieübertragung zu bewegen, und es könnte fast scheinen, als ob die Theorie wirbelfreier Strömungen in reibungsfreien Flüssigkeiten überhaupt keine Möglichkeit besitzt, Strömungen anzugeben, die bei konstanten Geschwindigkeiten, insbesondere konstanter Winkelgeschwindigkeit, mit denen sich Körper von geeigneter Form bewegen, mit Energieübertragung verbunden sind; sie wäre damit für die technische Turbinentheorie einfach unbrauchbar.

Es gibt aber noch einen Ausweg, der zu einem befriedigenden Resultate führt.

Die durch Gleichung (37) gegebene Strömung bei der Rotation der Platte ist nämlich nicht die einzige, die bei den auf der Plattenbegrenzung durch die Rotation vorgeschriebenen Randbedingungen möglich ist. Bereits zum Schluß des vorigen Abschnittes war erwähnt, daß sich eine Radialströmung ohne Beeinträchtigung dieser Randbedingungen über die durch Fig. 11 dargestellte Strömung lagern läßt, allerdings ohne Veränderung der Energiebeträge.

Es gibt nun noch eine Strömung, die auf der Plattenoberfläche durchweg tangentiale Geschwindigkeitskomponenten hat und daher zu der durch die Rotation hervorgerufenen Strömung hinzugefügt werden kann, ohne daß die resultierende Strömung die Gültigkeit für die rotierende Platte verliert.

Diese Strömung ist diejenige, bei der die strömende Flüssigkeit in geschlossenen Bahnen um die Platte herumströmt; man bezeichnet sie aus leicht erklärlichen Gründen als die Zirkulationsströmung der Platte. Die Stromlinien dieser Strömung sind Ellipsen, deren letzte in die gerade Linie der Plattenbegrenzung übergeht; sämtliche Ellipsen haben die Plattenendpunkte als gemeinschaftliche Brennpunkte. Die Kurven gleichen Geschwindigkeitspotentials sind untereinander und mit den Ellipsen konfokale Hyperbeln.

Die beiden Kurvenscharen stimmen vollkommen überein mit denjenigen, die durch die Gl. (28) und (29) als neue Koordinaten anstatt x und y eingeführt sind. Dementsprechend lautet der Ausdruck für die Stromfunktion der Zirkulation einfach:

$$\psi_3 = k \cdot \xi \qquad (38)$$

Die Zirkulationsströmung in Ellipsen ergibt an den Plattenenden, für das Herumströmen um die scharfe Ecke, unendliche Geschwindigkeiten, wie dies auch bei der reinen durch die Rotation der Platte erzeugten Strömung der Fig. 11 der Fall ist. Wählt man die Richtung, in der die Platte von der Zirkulationsströmung umflossen wird, gleich der Rotationsrichtung, so entsteht die Möglichkeit, daß die Differenz der an den Plattenenden auftretenden Geschwindigkeiten von entgegengesetzter Richtung einen endlichen Grenzwert erhält; dies würde eine bedeutend größere Anpassung an wirklich ausführbare Verhältnisse bedeuten.

Um dies zu untersuchen, werde für die Summe der drei Stromfunktionen:

$$\psi = \psi_1 + \psi_2 + \psi_3 = 4\,e^{-\xi}\cos\eta + e^{-2\xi}\cos 2\eta + k\xi \;\ldots\ldots$$

der Ausdruck für die Geschwindigkeit im Plattenendpunkt gebildet. Bei der Ausführung der hierzu notwendigen Differentiationen genügt es, sich auf der x-Achse von der positiven

Seite her dem Plattenendpunkt $x = +1$ zu nähern, d. h. $\eta = 0$ zu setzen. Hiermit wird:

$$\left(\frac{\partial \psi}{\partial x}\right)_{\eta=0} = \frac{\partial \xi}{\partial x}\left(-4e^{-\xi} - 2e^{-2\xi} + k\right).$$

Aus Gleichung (28) ergibt sich für $\eta = 0$:

$$\xi = \mathfrak{Ar}\,\mathfrak{Cof}\; x;$$

hiermit wird:

$$\frac{\partial \xi}{\partial x} = \frac{1}{\sqrt{x^2 - 1}} = (x^2 - 1)^{-\frac{1}{2}}.$$

Also wird:

$$c^{\nu}_{\eta=0} = \left(\frac{\partial \psi}{\partial x}\right)_{\eta=0} = \frac{1}{\sqrt{x^2 - 1}}\left(-4e^{-\xi} - 2e^{-2\xi} + k\right) \quad (39)$$

Für $x = +1$ und $y = 0$, d. h. $\xi = 0$ bei $\eta = 0$, wird der Wert $\sqrt{x^2 - 1}$ zu Null; damit also der gesamte Ausdruck der Gleichung (39) einen endlichen Grenzwert erhalten kann, muß auch der Zähler, der für $\xi = 0$ den Wert $-4 - 2 + k$ annimmt, gleich Null werden.

Dies führt auf:

$$k = 4 + 2 = 6 \quad \text{. . . . . (40)}$$

so daß hiermit

$$\psi_3 = 6\,\xi \quad \text{. . . . . (41)}$$

wird.

Bevor dieser Wert benutzt werden kann, ist jedoch noch nachzuweisen, daß der Grenzwert von

$$\frac{-4e^{-\xi} - 2e^{-2\xi} + 6}{\sqrt{x^2 - 1}} \quad \text{für } x = +1 \text{ und } \xi = 0$$

tatsächlich endlich ist. Zu diesem Zweck werde in bekannter Weise Zähler und Nenner nach x differenziert, der Quotient aus den beiden Werten gebildet und dann $x = 1$ und $\xi = 0$ gesetzt.

Man erhält:

$$\frac{4e^{-\xi}(x^2-1)^{-1/2} + 4e^{-2\xi}(x^2-1)^{-1/2}}{2x(x^2-1)^{-1/2}} = \frac{4(e^{-\xi} + e^{-2\xi})}{x}.$$

Dies ergibt für $x = 1$ und $\xi = 0$ tatsächlich einen endlichen Wert, nämlich

$$\frac{4(1+1)}{1} = 8.$$

Dieser Wert stimmt mit der Umfangsgeschwindigkeit im Punkte $x = 1$, $r = 2$, überein. Wird also die Konstante der Zirkulationsströmung zu 6 angenommen, so erhält man eine resultierende Strömung, die auch außerhalb der Platte in ihrer unmittelbaren Nähe eine Geschwindigkeit vom Betrage der Plattengeschwindigkeit im Endpunkt hat, die Geschwindigkeit verläuft hier also stetig, unendliche Geschwindigkeiten treten hier nicht mehr auf.

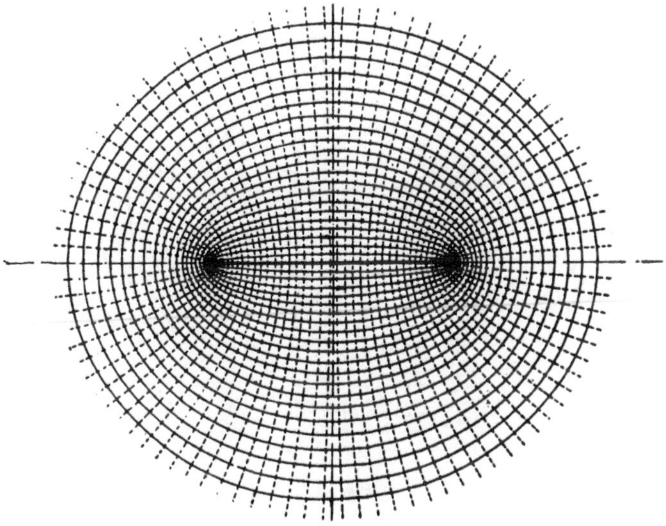

Fig. 14.

Fig. 14 zeigt die Stromlinien für die Zirkulation zusammen mit den Äquipotentiallinien. Das Intervall ist im Interesse der Deutlichkeit zu $\delta\psi = 0{,}4$ angenommen.

Bei der Übereinanderlagerung dieses Strömungsbildes über das der Rotation ist daher bei diesem (Fig. 11) nur jede zweite Strömlinie zu benutzen.

Fig. 15 zeigt die Strömung, die der Stromfunktion

$$\psi = \psi_1 + \psi_2 + \psi_3$$

entspricht, sie ist aus den Fig. 14 und 11 in der bereits beschriebenen Weise durch Diagonalenziehen erhalten.

An dem äußeren Plattenende zeigt sie tatsächlich endliche Geschwindigkeiten; um den Drehpunkt herum sind allerings die Geschwindigkeiten umso extremer geworden. Dies kann aber leicht in Kauf genommen werden, da die Erstreckung der Platte bis zum Drehpunkt bei einer Pumpe oder Turbine von vornherein unausführbar ist.

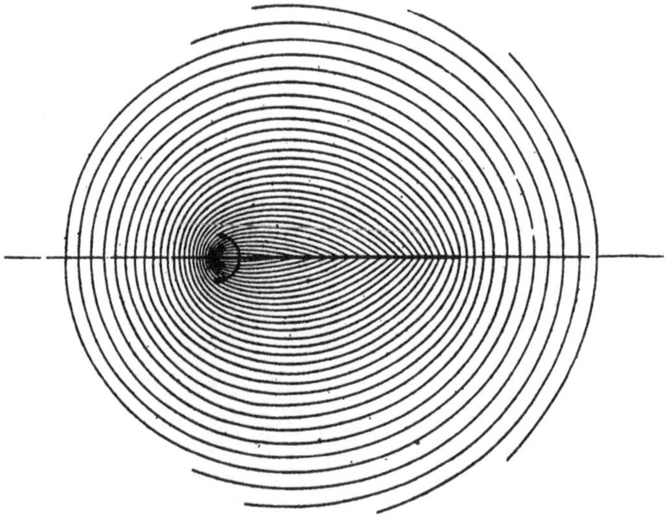

Fig. 15.

13. Zur Klarstellung der Energieverhältnisse wird nun sofort das der Fig. 13 entsprechende Diagramm Fig. 16 gezeichnet, das den Verlauf der Strömungsenergie auf verschiedenen Radien zu gleicher Zeit oder auf einem feststehenden Radius im Verlauf der Zeit zeigt.

Hier zeigt sich nun der grundlegende Unterschied gegenüber den beiden ersten untersuchten Strömungen:, die Kurven beginnen sämtlich im Nullpunkt mit dem Werte Null, erreichen innerhalb des von der Platte bestrichenen Kreises verschiedene positive Werte und sinken außerhalb desselben nicht wieder auf Null herunter, sondern nähern sich allmählich einem von Null verschiedenen positiven gemeinschaftlichen Grenzwert.

Dieser bestimmt sich, da $w \cdot c^w$ für die Anteile ψ, und ψ_1 im Unendlichen Null war, allein aus dem Anteil $\psi_3 = 6\,\xi$.

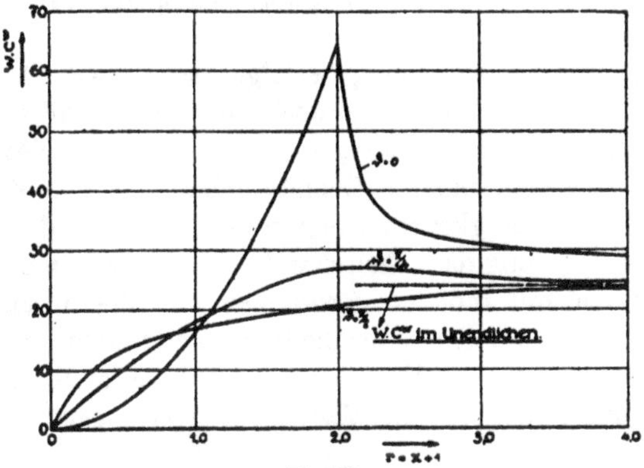

Fig. 16.

Für große ξ, d. h. in großer Entfernung von der Platte, nähern sich die Ellipsen konzentrischen Kreisen; es genügt also die Bestimmung von $w \cdot c^w$ für $y = 0$, $x = \infty$; entsprechend

$$\eta = 0, \quad \xi = \infty.$$

Es ist:

$$w = \omega \cdot r = 4\,(x + 1)$$

$$c^w = c^v \frac{\partial \psi}{\partial x} = 6 \frac{\partial \xi}{\partial x} = \frac{6}{\sqrt{x^2 - 1}},$$

also wird:

$$w \cdot c^w = \frac{4 \cdot 6 \cdot (x + 1)}{\sqrt{x^2 - 1}} = 24 \cdot \sqrt{\frac{x + 1}{x - 1}}.$$

Für große x nähert sich der Quotient unter der Wurzel dem Werte 1; es wird also im Unendlichen

$$w \cdot c^w = 24 \quad \dots\dots\dots\dots \quad (42)$$

allgemein $k \cdot \omega$; worin k die Konstante der Zirkulation ist.

Die beim Vorhandensein der Zirkulation um ihren einen Endpunkt rotierende Platte hält also in einiger Entfernung von ihrem anderen Endpunkt gegenüber dem Nullpunkt eine Energiedifferenz vom Betrage $k\,\omega$ dauernd aufrecht.

Ist die Zirkulation so gewählt, daß an dem äußeren Plattenendpunkt keine unendlichen Geschwindigkeiten auftreten, so ist bei $\omega = 4$ und $l = 1$ diese Energiedifferenz gleich 24 Energieeinheiten.

Eine Energieübertragung erfolgt bei dieser Strömung immer noch nicht; dazu ist es noch notwendig, daß aus dem Gebiete kleiner Energiewerte, in der Umgebung des Nullpunktes, nach dem äußeren Gebiete höherer Energie dauernd eine gewisse Flüssigkeitsmenge strömt. Dies wird erreicht durch Überlagerung der schon erwähnten Quellströmung vom Ursprung her mit radialen Stromlinien; ist die durch einen beliebigen Kreis um den Ursprung in der Zeiteinheit strömende Flüssigkeitsmenge q (in Volumeneinheiten), so ist die sekundlich von der Platte auf die Flüssigkeit übertragene Energie:

$$q \cdot \gamma \cdot H = \frac{q \cdot \gamma}{g} \cdot k \omega \left(= 24 \frac{q\gamma}{g} \text{ für den Fall der Fig. 15}\right).$$

Daß auch die Strömung nach Fig. 15 nicht zur wirklichen Übertragung von Energie geeignet ist, zeigt die Figur selbst. Auch hier verläuft die Strömung symmetrisch zur Platte; die Drücke auf der Vorder- und auf der Rückseite der Platte sind daher immer noch einander gleich. Die Geschwindigkeiten auf den beiden Plattenseiten sind aber entgegengesetzt gerichtet; wird also hierüber die Radialströmung mit auf beiden Seiten der Platte gleichgerichteten Geschwindigkeiten gelagert, so entstehen auf der einen Plattenseite kleinere, auf der anderen größere Geschwindigkeiten. Daraus ergeben sich Druckdifferenzen, und diese haben eine resultierende Kraft auf die Platte und damit eine Übertragung von Leistung zur Folge.

Ist die Radialströmung von innen nach außen gerichtet, so arbeitet die Platte als »Zentrifugalpumpe«, im entgegengesetzten Falle als »Zentripetalturbine«. Im ersten Fall herrschen die größeren Drücke auf der Vorderseite der Platte, im anderen Fall auf der Rückseite, wovon man sich leicht überzeugen kann.

Wie die Fig. 16 zeigt, ist die Energieübertragung auf die einzelnen Flüssigkeitsteilchen durchaus nicht auf den direkt von der Platte bestrichenen Kreis beschränkt. Auch außerhalb desselben ändert sich die Energie in jedem Stromfaden, entsprechend den auf dem Kreise vom Radius 2 noch vorhandenen Ungleichmäßigkeiten in Druck und Geschwindigkeit; für einen Teil der Flüssigkeitsmenge wächst die Energie noch weiter, bis auf den Wert von 24 Energieeinheiten; für den andern sinkt sie allmählich auf diesen Wert herab.

Wichtig ist der tatsächliche Wert der von der Platte bei tangentialem Abströmen der Flüssigkeit am Austritt tatsächlich erreichten »Förderhöhe« im Betrage von 24 Energieeinheiten; eine »Berechnung« dieser Pumpe nach dem Schaufelwinkel würde den Wert 64 liefern, von dem der tatsächlich erreichte nur 37,5% beträgt. Allerdings ist dieses Pumpenrad einfachster Form reichlich extrem im Vergleich mit wirklich als Maschinen ausführbaren Rädern.

Der angegebene Verhältniswert für die von der Platte bei tangentialem Abströmen (bzw. stoßfreier Zuströmung) übertragenen Energie pro Gewichtseinheit der pro Zeiteinheit durch einen Kreis strömenden Flüssigkeit darf nicht mit einem Nutzeffekt der betreffenden Energieübertragung verwechselt werden. Strömungsverluste sind aus den vorstehenden Überlegungen durch die Annahme der idealen Flüssigkeit vollständig ausgeschieden; will man der Ziffer einen Namen geben, so könnte sie evtl. als »Leistungsziffer« bezeichnet werden. Der Nutzeffekt der betrachteten idealen Strömung beträgt durchaus 100%. Damit soll aber durchaus nicht dazu geraten werden, Maschinen nach Art der hier behandelten einfachsten Pumpe zu bauen und auf den Markt zu bringen.

14. Die in den Abschnitten 7 bis 13 an dem Beispiele einer rotierenden Platte erläuterten Verhältnisse treffen auch für Räder von weniger einfachem Aufbau zu. In keinem Falle genügt zur Übertragung von Energie die Strömung, die von der Rotation in der im Unendlichen ruhenden Flüssigkeit hervorgerufen wird; diese erscheint vielmehr lediglich als eine — allerdings ziemlich ausgedehnte — Störung des Ruhezustandes ohne dauernde Wirkung im Sinne einer Energieübertragung. Damit überhaupt ein Energiefeld zustande kommt, in dem zwischen Austritt und Eintritt des Rades eine endliche und

dauernde Niveaudifferenz herrscht, ist eine Zirkulationsströmung um jede einzelne Schaufel notwendig. Tritt hierzu noch eine Strömung, die einen dauernden Fluß von Flüssigkeistmenge durch die Schaufelkanäle ergibt, so tritt eine Übertragung von Energie zwischen Schaufelrad und Flüssigkeit ein. Die resultierende Strömung mit Energieübertragung setzt sich also stets aus folgenden drei Bestandteilen zusammen: Strömung in der im Unendlichen ruhenden Flüssigkeit, Zirkulationsströmung und Durchflußströmung.

Sind die Schaufeln nicht radial, sondern, wie in fast allen Fällen, unter mehr oder weniger spitzen Winkeln zur Umfangsrichtung angeordnet, so liefert die Durchflußströmung auch noch Geschwindigkeitskomponenten in der Umfangsrichtung; das Energiefeld wird je nach der Intensität der Durchflußströmung geändert. Es ist dies die bekannte Tatsache, daß bei radialen Schaufeln die (Brutto-)Förderhöhe eines Rades bei veränderter Durchflußmenge konstant bleibt, bei schiefliegenden Schaufeln dagegen durch die Durchflußmenge stark beeinflußt wird.

Die für die Energieübertragung notwendigen Strömungsverhältnisse stehen in unmittelbarem Zusammenhang mit den Strömungssystemen, die zur Erklärung der Auftriebswirkungen bei Aeroplanflächen aufgestellt sind; der Unterschied ist lediglich der, daß in der Aerodynamik die in Frage kommende Kraft senkrecht zur Bewegungsrichtung steht, also zu keiner Energieübertragung führt, während die Turbinentheorie diesen Punkt naturgemäß in den Vordergrund rücken muß. Für weitere Einzelheiten sei auf die angeführte Literatur verwiesen[1]).

15. Auf einen Punkt von größter Wichtigkeit muß am Schluß dieses Kapitels noch hingewiesen werden.

In Kapitel I war ganz allgemein der Satz bewiesen, daß die Zirkulation in einer geschlossenen Kurve, die sich mit der Flüssigkeit bewegt, konstant ist, mit andern Worten,

---

[1]) S. hierzu: Lamb, l. c. § 69; ferner: Lanchester l. c. §§ 85 bis 91 und 112 bis 116, und Prandtl, Abriß der Lehre etc. (mit weiteren Literaturangaben).

daß in einer Flüssigkeit, die aus der Ruhe heraus durch Bewegung fester Körper in Strömung versetzt wird, die Zirkulationen in sämtlichen geschlossenen Kurven Null bleiben müssen, daß es also unmöglich ist, in einer reibungsfreien Flüssigkeit durch die Bewegung des Schaufelrades aus der Ruhe heraus Strömungen mit Zirkulation zu erzeugen. Diejenige Zirkulation, die für die Energieübertragung, wie oben gezeigt ist, die Hauptvorbedingung ist, kann also in der reibungsfreien Flüssigkeit durch die Bewegung des Schaufelrades aus der Ruhe heraus nicht hervorgebracht werden; sie muß, damit eine Energieübertragung überhaupt möglich ist, von vornherein vorhanden sein.

Man steht also vor dem eigentümlichen Widerspruch, daß diejenige Strömung, die man in der ruhenden Flüssigkeit hervorbringen kann, keine Energie überträgt, und daß man anderseits diejenige Strömung, die zur Energieübertragung notwendig ist, in der reibungsfreien Flüssigkeit nicht hervorbringen kann.

Dieser Widerspruch ist tatsächlich unlösbar; in einer reibungsfreien Flüssigkeit, die nicht von Anbeginn der Welt her durch einen besonders glücklichen Zufall die notwendigen Zirkulationen für ewig besitzt, ist eine Energieübertragung durch Pumpen- oder Turbinenräder gänzlich unmöglich.

Die in Wirklichkeit stets vorhandene Reibung genügt nun aber, auch wenn sie noch so klein ist, zur Herstellung der notwendigen Zirkulation. Nach Eintritt der Bewegung, die zunächst eine Strömung nach Fig. 11 hervorruft, bilden sich nämlich an der scharfen Ecke infolge der dort auftretenden unendlichen Geschwindigkeiten und starken Verzögerungen unter dem Einfluß der Reibung Wirbelschichten aus, die sich in das Innere der Flüssigkeit hineinschieben, sich allmählich zusammenrollen und gewissermaßen die Strömung um die Platte herumziehen. Dabei bleibt die Zirkulation in einer geschlossenen Kurve, die den Wirbel umfaßt, dauernd Null; der Wirbel bewegt sich weiter von der Platte fort, verschwindet schließlich praktisch und läßt um die Schaufel herum eine Zirkulation zurück, die seiner eigenen entgegengesetzt gleich ist. Ist auf diese Weise die Energieübertragung einmal eingeleitet, so wirkt ihrem dauernden Bestand nichts entgegen; im Gegenteil, jedes Zurückfallen in die ursprüngliche Strömung, die im ersten Moment der Bewegung geherrscht hat, würde sofort die Ausbildung eines neuen Wirbels zur Folge haben, der die Zirkulation um die Schaufel herum und damit die Energieübertragung wieder herstellen würde[1]).

Hiernach erscheint es bis zu einem gewissen Grade physikalisch berechtigt, die Stärke der Zirkulation so anzunehmen, daß am Austrittsende der Schaufel tangentiales Abströmen erfolgt, eine Annahme, die oben auch für die gerade, radiale Schaufel eingeführt ist. Jede andere Zirkulation würde an dem Austrittsende unendliche Geschwindigkeiten und damit die Ausbildung eines Wirbels zur Folge haben, der im Sinne einer Änderung der Zirkulation wirken müßte, bis jeder Anlaß zu seiner weiteren Ausbildung verschwunden ist, bis also tangentiales Abströmen erfolgt.

Die Voraussetzung tangentialen Abströmens ist von Kutta[2]) in die Aerodynamik eingeführt und hat sich hier, wenigstens bei nicht zu extremen Verhältnissen bewährt. Auf ihr Eintreffen kann nur gerechnet werden, wenn die dabei auftretenden Gesamtverhältnisse zu keinen extremen Strömungen führen; in solchen Fällen versagt die Theorie; man ist nach wie vor auf Erfahrungszahlen etc. angewiesen.

Solche unsichere Verhältnisse können z. B. auftreten, wenn ein dreidimensionales Schaufelrad, das für ein bestimmtes Verhältnis von Wassermenge zu Drehzahl so ausgebildet ist, daß dabei das tangentiale Abströmen zu einer gleichmäßigen geordneten Strömung führen würde, daß also diese Strömung nach obigem tatsächlich zu erwarten ist, mit einem stark abweichenden q/ω betrieben wird. Es ist hierbei durchaus denkbar, daß unter besonders ungünstigen Verhältnissen

---

[1]) S. hierüber: Föttinger »Über die physikalischen Grundlagen der Turbinen- und Propellerwirkung« (Verhandlungen der Versammlung von Vertretern der Flugwissenschaft, 1911) und die Bemerkung Prandtls in der anschließenden Diskussion.

[2]) S. hierzu: Deimler, Zeichn. z. Kuttaströmung (Zeitschrift f. Mathematik und Physik, 1912). Hierin auch weitere Literaturangaben, vor allem Aufzählung der Originalarbeiten Kuttas.

überhaupt keine stationäre Strömung relativ zum Austrittsende zu erzielen ist, sondern daß z. B. die Strömung, die für den einen Schaufelteil tangentiales Abströmen ergibt, dies für einen andern ausschließt, so daß ein ständiges Hin- und Herpendeln der Strömung an der Austrittskante die Folge ist. Sicher spielen Stabilitätsverhältnisse hierbei ebenfalls eine wichtige Rolle; eine rechnerische Fassung dieser Verhältnisse ist bis jetzt nicht gelungen.

16. Das Ergebnis der Abschnitte 7 bis 13 dieses Kapitels kann kurz folgendermaßen ausgesprochen werden:

Sollen bei der Rotation von Schaufelrädern in einer reibungsfreien Flüssigkeit auf diese positive oder negative Energiebeträge übertragen werden, so ist neben der durch die Rotation hervorgerufenen Störungs- und der die Durchflußmenge fördernden Durchflußströmung eine Zirkulationsströmung um jede Schaufel herum notwendig. Diese Zirkulation kann in reibungsfreier Flüssigkeit nicht hervorgerufen werden, sondern muß als von vornherein vorhanden angenommen werden. In den wirklichen Flüssigkeiten wird sie durch einen Wirbel hervorgerufen, der unter dem Einfluß der Reibung, auch wenn sie noch so gering ist, am Austrittsende entsteht und nach Herstellung der veränderten Strömung wegschwimmt. Bei günstigen Schaufelformen kann auf annähernd tangentiales Abströmen gerechnet werden, wenn die hieraus folgende resultierende Strömung zu keinen extremen Verhältnissen führt.

So unangenehm also die Reibung dem Konstrukteur ist, weil sie den Nutzeffekt seiner Maschine herunterzieht, so dankbar muß er ihr anderseits sein, da sie erst die gewünschte Energieübertragung zustande bringt.

III. Strömungen in rotierenden Kanälen.

1. Im vorigen Kapitel sind bereits einige allgemeine Eigenschaften derjenigen Strömungen untersucht worden, die durch die gleichförmige Rotation von Schaufelrädern in einer reibungsfreien Flüssigkeit ohne Wirbel hervorgebracht werden. Dabei wurden durchweg die absoluten Geschwindigkeiten betrachtet d. h. diejenigen Geschwindigkeiten, die ein Wasserteilchen an der betreffenden Stelle tatsächlich besitzt, bezogen auf einen ruhend gedachten Raum. Die Energiebeziehungen nehmen hierbei eine einfache und übersichtliche Form an, die für den zahlenmäßigen Gebrauch sehr geeignet ist, und auch die Stromlinienbilder dieser Absolutbewegung haben die verhältnismäßig einfache Eigenschaft (bei Beschränkung auf das zweidimensionale Problem), daß die Stromlinien mit ihren Orthogonaltrajektorien Quadrate bilden, wenn beide für ein gleiches, genügend kleines Intervall ihres Parameters gezogen werden.

Wenn dagegen weitere Einzelheiten der Strömung untersucht werden sollen, so ergeben sich bei dem Verfahren des vorigen Kapitels bald Schwierigkeiten. Diese treten besonders dann in Erscheinung, wenn es sich darum handelt, die Form der Radschaufeln und der von ihnen gebildeten Kanäle mit Rücksicht auf einen möglichst sanften Strömungsverlauf auszubilden, wie er bei der in Wirklichkeit stets vorhandenen Reibung zur Verringerung der auftretenden Verluste angestrebt werden muß. Wie nämlich die Stromlinienbilder des vorigen Kapitals zeigen, setzen die Stromlinien dieser Absolutbewegung auf der Begrenzung des rotierenden Körpers unter bestimmten Winkeln auf und schmiegen sich den Kanalbegrenzungen in keiner Weise an; ein Zusammenhang zwischen der Schaufelform und dem Strömungsverlauf ist nur sehr schwierig zu erkennen. Das Gefühl, das für die Formgebung der Schaufeln und der durch sie gebildeten Kanäle ausgebildet ist, beruht eben vorwiegend auf der Vorstellung eines von Flüssigkeit durchströmten Kanales, dessen Wandungsformen einen verhältnismäßig leicht vorstellbaren Einfluß auf die Geschwindigkeitsverteilung und die damit zusammenhängenden Eigenschaften der Strömung haben.

Diese Schwierigkeit wird offenbar behoben, wenn, wie es in der Praxis meist ohne viel Zaudern geschieht, nicht die absolute Strömung betrachtet wird, sondern die sogenannte Relativströmung. Es ist das diejenige, die ein mit dem Rade rotierender Beobachter feststellen würde. Relativ zu ihm sind die Schaufeln, d. h. die Begrenzungswände der Kanäle, in Ruhe, wenigstens diejenigen des rotierenden Rades; die von ihm feststellbaren Geschwindigkeiten der Flüssigkeit, die Relativgeschwindigkeiten, haben längs dieser anscheinend ruhenden Wandungen nur Tangentialkomponenten, und die ihnen entsprechenden Stromlinien haben einen Verlauf, der mit dem der Kanalwandungen in einer dem Gefühl entsprechenden Weise übereinstimmt. Dazu kommt noch der günstige Umstand, daß der gesamte Strömungszustand relativ zu dem rotierenden Beobachter annähernd stationär wird. Er wäre es vollkommen, wenn nicht diejenigen Teile, die die Flüssigkeit zu dem rotierenden Rade zuführen oder sie von ihm abführen, gewisse Ungleichmäßigkeiten in der Strömung herbeiführen würden, denen gegenüber das rotierende Rad seinen Standpunkt dauernd verändert. Wenn aber, um zunächst überhaupt zu einem einfachen Ziele zu kommen, angenommen wird, daß diese Ungleichmäßigkeiten untergeordneter Art sind — es gibt zweifellos Fälle, wo sie es nicht sind — dann erhält man tatsächlich Stromlinien, die ihre Form und Lage relativ zu dem rotierenden Beobachter bzw. zu dem rotierenden Rade nicht ändern, sich an die Kanalbegrenzungen anschließen und gleichzeitig die Relativbahnen der Teilchen darstellen.

Es ist nun die Frage, ob bei dieser Vereinfachung, die durch die Einführung der Relativströmung erreicht wird, für die genauere Untersuchung nicht Schwierigkeiten auftreten, die die zunächst erwarteten Vorteile wieder aufheben. Die Hauptschwierigkeit ist dabei die, daß die Relativströmung nicht mehr wirbelfrei ist. Denn da die einzelnen Teilchen, wie im ersten Kapitel gezegit ist, absolut genommen keine resultierende Winkelgeschwindigkeit besitzen, so muß ein rotierender Beobachter den Eindruck haben, daß sie relativ zu ihm mit einer Winkelgeschwindigkeit rotieren, die entgegengesetzt gleich seiner eigenen, d. h. der des Rades, ist. Ebenso wird auch das Linienintegral der Geschwindigkeit, das für eine geschlossene Kurve bei Benutzung der Absolutgeschwindigkeiten den Wert Null hat, einen endlichen Wert annehmen müssen, wenn bei seiner Bildung die Relativgeschwindigkeiten benutzt werden, die sich von den Absolutgeschwindigkeiten um die Umfangsgeschwindigkeit unterscheiden. Die einfachen Energiebeziehungen, die für die wirbelfreie Absolutströmung auch bei nicht stationärem Zustand im vorigen Kapitel abgeleitet sind, werden also zweifellos nicht mehr gelten, wenn die Relativgeschwindigkeiten benutzt werden, auch ist anzunehmen, daß die verhältnismäßig einfache geometrische Eigenschaft der absoluten Stromlinien, mit ihren Orthogonaltrajektorien Quadrate zu bilden, für die relativen Stromlinien nicht erhalten bleibt.

Es läßt sich auch tatsächlich nicht ein für allemal aussprechen, ob ein Arbeiten mit der Absolutströmung oder mit der Relativströmung vorteilhafter ist; je nach den speziell vorliegenden Aufgaben ist die eine oder die andere Methode anzuwenden. Für den Entwurf einer Schaufelung wird die Benutzung der Relativströmung stets unentbehrlich sein; in diesem Kapitel sollen die hierbei auftretenden besonderen Verhältnisse eingehender und schärfer untersucht werden, als es bisher meist der Fall gewesen ist.

2. Zunächst werde auch hier ein Satz abgeleitet, der für die stationäre Relativbewegung die gleiche Rolle spielt wie der durch Gleichung (30) des ersten Kapitels ausgedrückte für die Absolutbewegung. Auch hier werden die natürlichen Koordinaten für die Stromlinien der Relativbewegung benutzt; dagegen soll hier die Untersuchung von vornherein

auf das zweidimensionale Problem beschränkt sein. Die Wände der rotierenden Kanäle werden also als zylindrisch angenommen mit Erzeugenden, die parallel zur Rotationsachse verlaufen; senkrecht zu diesen werde das Strömungsgebiet durch zwei Ebenen begrenzt, die senkrecht zu der Rotationsachse und zu den Erzeugenden der zylindrischen Schaufelflächen liegen. Diese Ebenen können an jeder Stelle der Achse eingeschaltet werden, ohne daß die Strömung dadurch beeinflußt wird, da ein Druck- oder Geschwindigkeitsgefälle in Richtung der Achse nicht existiert. Es ist selbstverständlich, daß durch diese starke Einschränkung des allgemeinen dreidimensionalen Problems eine Anzahl von wichtigen Erscheinungen von vornherein aus der Diskussion ausgeschieden werden. Die auch in dem engeren Rahmen verbleibenden können aber mit um so einfacheren Mitteln behandelt, die Ergebnisse daher mit größerer Schärfe und Deutlichkeit herausgearbeitet werden.

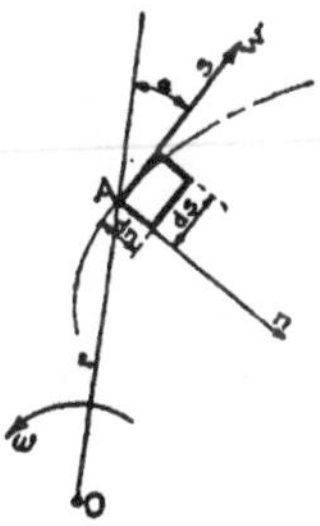

Fig. 17.

Fig. 17 zeigt in der üblichen Darstellung die Hauptbezeichnungen. Der Nullpunkt des zweiachsigen Systems liegt in dem betrachteten Punkte A des rotierenden Raumes; die eine Achse hat die Richtung der Relativgeschwindigkeit w in diesem Punkte, tangiert also die augenblickliche Stromlinie durch diesen Punkt (Wegelement ds in Richtung von w); die andere steht senkrecht zu w, hat also die Richtung der Normalen zur augenblicklichen Stromlinie (Element dn). Die positive Richtung von n soll diejenige sein, die in die positive s-Richtung durch eine Drehung entgengegesetzt dem Uhrzeigersinn übergeht.

O ist die Projektion der Achse, um die sich der relative Raum mit der Winkelgeschwindigkeit ω dreht, deren Drehsinn ebenfalls in die Figur eingetragen ist. Der Druck in A sei p und enthalte ebenso wie früher einen etwa von der Schwere herrührenden Anteil; g ist die Beschleunigung der Schwere, γ das spezifische Gewicht, μ die spezifische Masse.

Im Gegensatz zu den Gleichungen für die Absolutbewegung, bei denen keine weiteren Massenkräfte als etwa das Gewicht zu berücksichtigen waren, müssen hier die Wirkungen der Coriolisbeschleunigungen durch Anbringen der Massenkräfte $r\omega^2$ und $2\,w \cdot \omega$ (bezogen auf die Masseneinheit) berücksichtigt werden, jede mit entsprechenden Komponenten in der ds- bzw. der dn-Richtung.

Wenn dann noch sofort die Strömung, wie oben erläutert, als stationär angenommen wird, so lauten die Eulerschen Gleichungen für die zweidimensionale Relativbewegung:

$$w \frac{\partial w}{\partial s} = -\frac{1}{\mu} \frac{\partial p}{\partial s} + r\,\omega^2 \cos a \;\ldots\ldots\ldots \quad (1)$$

$$w \frac{\partial w^n}{\partial s} = -\frac{1}{\mu} \frac{\partial p}{\partial n} - 2\,w \cdot \omega - r\,\omega^2 \sin a \;\ldots \quad (2)$$

a ist dabei der Winkel, um den w entgegengesetzt dem Uhrzeigersinn gedreht werden muß, um in die positive Richtung von r überzugehen.

Auch hier gibt es bekanntlich eine Funktion, bei deren Einführung die Gleichungen (1) und (2) leicht integriert werden können. Es ist dies die »relative Strömungsenergie«

$$H' = \frac{p}{\gamma} + \frac{w^2}{2g} - \frac{r^2\omega^2}{2g} \;\ldots\ldots\ldots \quad (3)$$

durch die sich der Druck in den Gleichungen (1) und (2) eliminieren läßt[1]). Durch Differenzieren von (3) nach ds und dn erhält man:

$$\frac{1}{\mu} \frac{\partial p}{\partial s} = g \frac{\partial H'}{\partial s} + r\,\omega^2 \frac{\partial r}{\partial s} - w \frac{\partial w}{\partial s} \;\ldots \quad (4)$$

$$\frac{1}{\mu} \frac{\partial p}{\partial n} = g \frac{\partial H'}{dn} + r\,\omega^2 \frac{\partial r}{\partial n} - w \frac{\partial w}{\partial n} \;\ldots\ldots \quad (5)$$

Dies ergibt durch Einsetzen in (1) und (2), wenn berücksichtigt wird, daß $\frac{\partial r}{\partial s} = \cos a$ und $\frac{\partial r}{\partial n} = -\sin a$:

$$g \frac{\partial H'}{\partial s} = 0$$

und

$$g \frac{\partial H'}{\partial n} - w \left[2\,\omega + \left(\frac{\partial w}{\partial n} - \frac{\partial w^n}{\partial s} \right) \right] = 0.$$

---

[1]) S. hierzu: Mises, Theorie der Wasserräder, der die obige Ableitung zum Teil entnommen ist.

Die Größe von $\frac{\partial w}{\partial n} - \frac{\partial w^n}{\partial s}$ ist analog den entsprechenden Ausführungen im ersten Kapitel als die doppelte mittlere Winkelgeschwindigkeit zu definieren, mit der das betreffende Teilchen relativ zu dem rotierenden Raum rotiert. Der Wert

$$\omega + \frac{1}{2}\left(\frac{\partial w}{\partial n} - \frac{\partial w^n}{\partial s}\right).$$

ist also seine absolute Winkelgeschwindigkeit, mit der es relativ zum r u h e n d e n Raum rotiert, er ist der absolute Wirbel der Flüssigkeit.

In Kapitel I ist ausführlich nachgewiesen, daß dieser Wirbel gleich Null zu setzen ist; es ist also:

$$\lambda = \frac{1}{2}\left(\frac{\partial w}{\partial n} - \frac{\partial w^n}{\partial s}\right) = -\omega \quad \ldots\ldots \quad (6)$$

derjenige Wirbel, den die Relativbewegung bei wirbelfreier Absolutströmung besitzt.

Dies führt auf:

$$g\frac{\partial H'}{\partial s} = 0 \quad \ldots\ldots\ldots\ldots \quad (7)$$

und

$$g\frac{\partial H'}{\partial n} = 0 \quad \ldots\ldots\ldots\ldots \quad (8)$$

D. h.: Bei wirbelfreier Absolutströmung, wie sie für technische Zwecke anzunehmen ist, gilt für die stationäre Relativströmung

$$H' = \frac{p}{\gamma} + \frac{w^2}{2g} - \frac{r^2\omega^2}{2g} = \text{konst.} \quad \ldots\ldots \quad (9)$$

wobei die Konstante ebenso wie bei Gleichung (30) des Kapitels I für die ganze strömende Flüssigkeitsmenge gilt.

H' spielt also für die Relativbewegung eine ähnliche Rolle, wie H für die Absolutbewegung. (Zur Berechnung der tatsächlich auf die Flüssigkeit übertragenen Energie darf lediglich der Absolutwert H benutzt werden.)

Auch hier enthält Gleichung (9) die vollständige Aussage, die die Eulerschen Gleichungen für die stationäre Relativströmung geben können; mit ihr können, wenn die Strömung bekannt ist, die Drucke etc. an jeder Stelle berechnet werden. Welche Strömung sich bei gegebenen Grenzbedingungen einstellt, vermag Gleichung (9) ebensowenig anzugeben, wie die Beziehung (30) des ersten Kapitels. Das vermag erst die Kontinuitätsbedingung, zu deren Behandlung nun übergegangen wird.

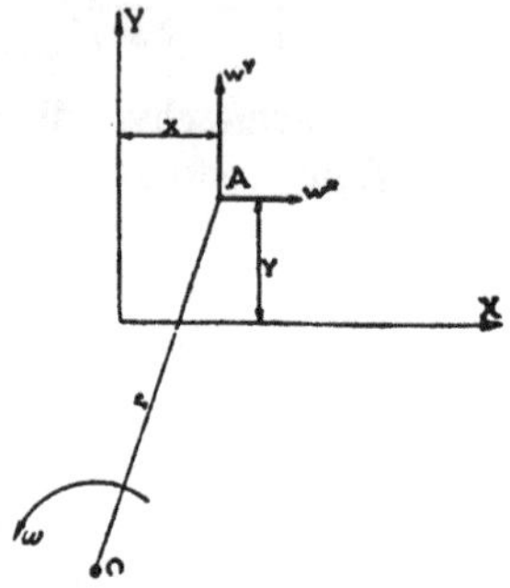

Fig. 18.

3. Die Kontinuitätsbedingung lautet in rechtwinkligen Koordinaten x, y (Fig. 18):

$$\frac{\partial w^x}{\partial x} + \frac{\partial w^y}{\partial y} = 0 \quad \ldots \ldots \ldots (10)$$

Durch die Beziehungen:

$$w^x = -\frac{\partial \psi}{\partial y} \text{ und } w^y = \frac{\partial \psi}{\partial x} \quad \ldots \ldots (11)$$

wird auch hier die Stromfunktion ψ eingeführt und gleichzeitig die Bedingung (10) erfüllt. Die Differentialgleichung für ψ gibt auch hier die Wirbelbedingung, die in den Koordinaten x und y lautet:

$$2\lambda = \frac{\partial w^y}{\partial x} - \frac{\partial w^x}{\partial y} = -2\omega \quad \ldots \ldots (12)$$

durch Einsetzen der Werte von w^x und w^y aus den Gleichungen (11) erhält man:

$$\frac{\partial^2 \psi}{\partial x^2} + \frac{\partial^2 \psi}{\partial y^2} = -2\omega \quad \ldots \ldots (13)$$

oder in kürzerer Schreibweise:

$$\Delta\psi = -2\omega \quad . \quad . \quad . \quad . \quad . \quad . \quad . \quad . \quad . \quad (14)$$

Während also bei der wirbelfreien Absolutströmung:

$$\Delta\psi = 0$$

war, ist hier, bei der Relativströmung mit konstantem Wirbel, ω: $\Delta\psi = -2\omega$; der Wert $\Delta\psi$ ist nichts anderes als der Ausdruck für den doppelten Wirbel einer Strömung, die die Kontinuitätsbedingung (10) erfüllt.

Das Prinzip der Überlagerung, das im vorigen Kapitel für die Stromfunktion der Absolutbewegung benutzt worden ist, gilt auch für die Relativbewegung.

Ist nämlich ψ_1 eine Stromfunktion, die die Gleichung $\Delta\psi_1 = -2\omega_1$, und ψ_2 eine solche, die die Gleichung $\Delta\psi_2 = -2\omega_2$ befriedigt, so ist $\psi = \psi_1 + \psi_2$, die Summe der beiden Stromfunktionen, eine neue Stromfunktion, die die Gleichung:

$$\Delta\psi = -2\omega$$

mit $\omega = \omega_1 + \omega_2$ erfüllt. Man überzeugt sich hiervon leicht durch Ausführung der durch das Zeichen angegebenen Differentiationen.

In Worten: Durch Übereinanderlagern zweier Strömungen mit jeweils konstantem Wirbel entsteht eine neue Strömung von ebenfalls konstantem Wirbel, der gleich der Summe der beiden ersten ist.

Dabei kann auch z. B. ω_1 gleich Null sein; das ergibt den Satz:

Lagert man über eine Strömung mit konstantem Wirbel eine wirbelfreie Strömung, so entsteht eine neue Strömung mit gleichem konstanten Wirbel, wie ihn die erste besitzt.

Diese Sätze erleichtern die Ausarbeitung von Lösungen der Gleichung (14) für vorgeschriebene Bedingungen in vielen Fällen ganz bedeutend[1]).

[1]) Auf die Möglichkeit, neue Strömungen durch Übereinanderlagerung zweier bekannter zu erhalten, weist Prasil in seiner zitierten Arbeit hin; er behandelt den Fall, daß über eine »einfache

4. Bevor hierauf näher eingegangen wird, sind noch die äußeren Bedingungen, die zur vollständigen Ermittlung der Stromfunktion für einen bestimmten Fall notwendig sind, genauer zu untersuchen.

Es läßt sich mathematisch nachweisen, daß die Lösung der Differentialgleichung $\Delta\psi = -2\,\omega$ für einen gegebenen Bereich von der Form, um die es sich hier handelt, eindeutig gegeben ist, wenn der Verlauf der Funktion auf dem ganzen Rande dieses Bereichs gegeben ist[1]). Dies bedeutet für die hier vorliegenden Bereiche, die rotierenden Kanäle, folgendes:

Für eine spezielle Aufgabe ist als gegeben zu betrachten die Winkelgeschwindigkeit, mit der der Kanal rotiert, die Form des Kanales selbst und die Flüssigkeitsmenge, die in der Zeiteinheit durch den Kanal hindurchströmt. Da die Kanalbegrenzungen bei der Untersuchung der Relativströmung als feststehend anzusehen sind, besitzen die Relativgeschwindigkeiten auf ihnen lediglich Tangentialkomponenten; die Kanalbegrenzungen sind also selbst die äußersten Stromlinien der zu ermittelnden Strömung. Längs jeder Stromlinie ist aber, wie in Kapitel II angegeben ist, die Funktion ψ konstant. Der Unterschied dieser konstanten Werte von ψ für zwei Stromlinien entspricht dabei der Flüssigkeitsmenge, die in der Zeiteinheit durch den Kanal strömt (pro Einheit der Kanalhöhe).

Hieraus folgt: Längs den beiden seitlichen Kanalbegrenzungen ist der Wert von ψ jeweils konstant; die beiden Werte unterscheiden sich um den Betrag der Flüssigkeitsmenge, die in der Zeiteinheit durch den Kanal strömt. Es ist ohne weiteres zulässig, den Wert der einen Begrenzung zu Null anzunehmen, dann ist derjenige der andern Begrenzung gleich der strömenden Flüssigkeitsmenge pro Zeiteinheit. Auf den

---

Strömung« in einem Rotationshohlraum (ohne Umfangskomponente der Geschwindigkeit) ohne Veränderung der Stromflächen eine »kreisende Bewegung« mit $c^u \cdot r =$ konst. gelagert werden kann. (l. c. § III).

[1]) Eine eingehende Diskussion der Randbedingungen befindet sich bei Mises, l. c.

beiden seitlichen Begrenzungen ist also der Verlauf der Stromfunktion bei jeder praktischen Aufgabe festgelegt.

Zur vollständigen Abgrenzung des Kanals gehören jedoch auch noch die sogenannten Austritts- und Eintrittsquerschnitte, die sich für die zweidimensionale Aufgabe ebenso wie die seitlichen Begrenzungen als Linien darstellen. Sie werden von sämtlichen Stromlinien, die den Kanal durchziehen, geschnitten, auf ihnen wächst also, gerechnet von der seitlichen Begrenzung, auf der $\psi = 0$ ist, die Funktion ψ von Null auf den Wert der andern seitlichen Begrenzung. Wenn die Geschwindigkeiten über die Austritts- und über die Eintrittslinie gleichmäßig verteilt sind, dann ist der Verlauf von ψ über diesen Linien einfach linear. Dies trifft aber nur zu, wenn die Kanalwandungen bei $\omega = 0$ vorher oder nachher eine größere Strecke parallel und geradlinig verlaufen. Sind die Kanalwandungen, wie in den meisten Fällen, gekrümmt, und ω nicht gleich Null, so verläuft ψ über den Eintritt und den Austritt nach einer mehr oder weniger stark gekrümmten Kurve.

In vielen Fällen ist es nicht möglich, den Verlauf dieser Kurve von vornherein genau festzulegen. Man kann sich dann so helfen, daß man den Kanal zunächst durch angenommene Verlängerungen der seitlichen Begrenzungskurven bis in ein Gebiet hinein verlängert, in dem die Geschwindigkeitsverteilung bekannt ist, dann auf Grund der jetzt vollständig gegebenen Randbedingungen die Stromlinien ermittelt und zum Schluß nachprüft, ob die Strömung, die man so erhalten hat, außerhalb des Kanals möglich ist, wenn die angenommenen Verlängerungen wegfallen (es müssen die Drücke zu beiden Seiten der Verlängerungen gleich ausfallen); im anderen Falle muß die Arbeit mit sinngemäß abgeänderten Verlängerungen wiederholt werden. Dieses Verfahren muß z. B. eingeschlagen werden, wenn die Vorgänge an den Schaufelenden genauer untersucht werden sollen. Es ist selbstverständlich mühsam und auch nur mit einer gewissen Sicherheit möglich, wenn exakte Lösungen für ähnliche typische Fälle bekannt sind. Solche typischen Fälle mathematisch einwandfrei zu lösen, ist daher sehr wichtig; in den folgenden Abschnitten werden einige solcher Lösungen angegeben werden.

In vielen andern Fällen liegen die Verhältnisse bezüglich des Verlaufes von ψ auf den Austritts- und Eintrittskurven einfacher. Es ist nämlich eine Tatsache, die gewissermaßen aus der Erfahrung bekannt ist und sich selbstverständlich auch bis zu einem gewissen Grade theoretisch erklären läßt, daß der Einfluß einer Veränderung des Verlaufs von ψ längs der Austritts- und der Eintrittslinien auf die Verteilung von ψ, d. h. die Gestalt der Stromlinien, im Innern des Kanals von verhältnismäßig geringem Einfluß ist, um so geringer, wenn die Änderungen in dem Verlauf auf den Endquerschnitten nur gering sind. Voraussetzung dafür ist nur, daß das Innere des Kanals von den Eintritts- und Austrittsöffnungen genügend weit entfernt ist; je größer die Entfernung ist, um so geringer der Einfluß einer Änderung. Die Verhältnisse liegen hier ähnlich, wie bei vielen Aufgaben der Elastizitätstheorie. Die exakte Lösung für einen in einem Endquerschnitt eingespannten Balken, der durch eine an dem anderen Querschnitt angreifende Kraft beansprucht wird, ist auch nur möglich, wenn die Verteilung dieser Kraft über den Endquerschnitt so angenommen wird, wie sie sich aus der Lösung der Elastizitätsgleichungen gewissermaßen rückwärts ergibt. Ist die Verteilung anders, so stimmt streng genommen die ganze Lösung nicht mehr. Wenn der Balken aber genügend lang ist, so äußert sich der Einfluß einer solchen Veränderung nur in der Nähe des Endquerschnittes; die etwas weiter von ihm entfernten Querschnitte sind mit großer Annäherung ebenso beansprucht wie bei der ursprünglichen Lösung[1]).

Wenn also, wie es in vielen Fällen geschieht, hauptsächlich nach der Geschwindigkeitsverteilung im Innern eines Kanals gefragt wird, so genügt eine schätzungsweise Annahme des Verlaufes von ψ über den Endquerschnitten, die sich in den meisten Fällen an Hand exakter typischer Lösungen für ähnliche Verhältnisse treffen lassen wird.

---

[1]) S. hierzu: Föppl, technische Mechanik, Band V, § 10, ferner: Love, Lehrbuch der Elastizität, deutsch von A. Timpe (Teubner 1907), § 245.

Der Verlauf von ψ ist also in den meisten Fällen tatsächlich auf der gesamten Begrenzung als bekannt anzusehen. Fig. 19 zeigt schematisch einen Kanal mit dem Verlauf der Stromfunktion auf seiner gesamten Begrenzung.

5. Wenn nun, wie es zum Schluß von Abschnitt 3 angedeutet ist, die vollständige Lösung für einen gegebenen Kanal aus mehreren Einzellösungen zusammengesetzt werden soll, so muß die Summe der einzelnen Funktionen auf dem Rande des Kanals den vorgeschriebenen Verlauf haben. Der Verlauf

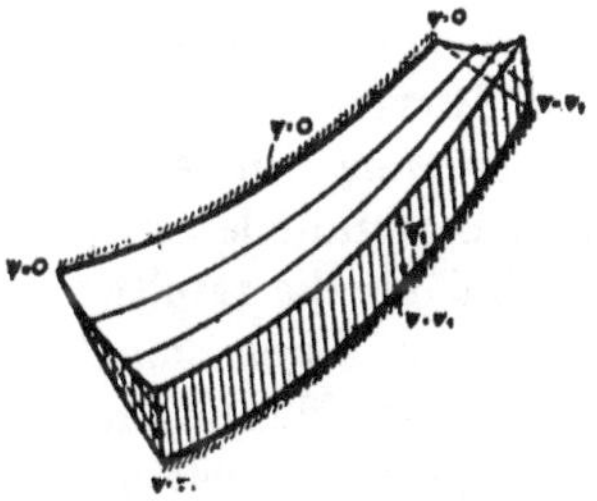

Fig. 19.

der einzelnen Bestandteile auf dem Rande ist innerhalb dieser Einschränkung noch beliebig und kann so gewählt werden, wie es für die betreffende Aufgabe günstig ist. Insbesondere ist es zulässig, die eine von den Einzelströmungen so zu wählen, daß ihre Stromfunktion auf dem ganzen Kanalrande den Wert Null hat, und die vorgeschriebene Verteilung auf dem Kanalrande vollständig von der anderen Funktion erfüllen zu lassen.

In dem vorliegenden Falle liegt folgende Unterteilung der gesamten Strömung in einem gegebenen rotierenden Kanal bei gegebener Durchflußmenge nahe:

Die resultierende Strömung wird aus einer wirbelfreien und aus einer mit dem konstanten Wirbel $-\omega$ zusammengesetzt. Die wirbelfreie Strömung wird so gewählt, daß sie die durch das Hindurchströmen der gegebenen Durchflußmenge vorgeschriebenen Bedingungen für die Verteilung von ψ auf der gesamten Umrandung des Kanals erfüllt; dann hat die Stromfunktion der Strömung mit dem Wirbel $-\omega$ auf dem ganzen Rande den konstanten Wert Null.

Die Gesamtströmung wird so zerlegt in einen Bestandteil, der lediglich von dem Hindurchströmen der gegebenen Durchflußmenge herrührt, und einen zweiten, der durch die Rotation des Kanals mit abgeschlossenen Eintritts- und Austrittsöffnungen hervorgerufen wird.

Bei einer solchen Rotation mit abgeschlossenen Endquerschnitten besteht die gesamte Flüssigkeitsbewegung in einem Kreisen der Flüssigkeit um einen im Innern relativ ruhenden Punkt; die relativen Stromlinien sind dabei geschlossene Kurven, die sich der Umrandung immer mehr anschließen, je näher sie zu ihr liegen; die Umrandung selbst ist die äußerste dieser geschlossenen Kurven.

Die gesamte Strömung in einem rotierenden Kanal wird dadurch in zwei Bestandteile zerlegt, die der Vorstellung leichter zugänglich sind als die resultierende Strömung. Für die wirbelfreie Strömung durch kanalartige Räume liegen eine große Menge exakter Lösungen vor, auch sind die Methoden zu ihrer graphischen Bestimmung mit einer großen Vollkommenheit und Vollständigkeit durchgebildet worden[1]). Ebenso liegen auch für die reine Rotationsströmung zahlreiche Lösungen vor, die allerdings weniger der Hydrodynamik als der Elastizitätstheorie entstammen, bei der dieselbe Differentialgleichung (6) mit der gleichen Bedingung auf dem Rande für die Behandlung des Torsionsproblems zylindrischer Stäbe auftritt[2]).

Einer der Hauptvorteile dieser Zerlegung ist der, daß sich die Änderung der Geschwindigkeitsverhältnisse etc. bei einer Veränderung der Durchflußmenge q und der Winkelgeschwindigkeit ω leicht übersehen lassen. Bei jeder der Einzelströmungen bleiben nämlich, wie sich leicht beweisen läßt, die Stromlinien dieselben, wenn einerseits die Durchflußmenge, anderseits die Winkelgeschwindigkeit geändert wird; lediglich das Intervall von ψ zwischen zwei benachbarten Stromlinien ändert sich. Werden daher q und ω in gleichem Verhältnis

---

[1]) S. die am Schluß des ersten Kapitels angegebene Literatur.

[2]) S.: Föppl, l. c. Band V, §§ 25 bis 33; ferner Love, l. c. §§ 215 bis 226.

geändert, so bleibt auch das resultierende Strombild dasselbe. Ändert sich dagegen das Verhältnis von q und ω, so muß das eine der Einzelstrombilder so umgezeichnet werden, daß sein Intervall gleich dem des andern wird (der allgemeine Stromlinienverlauf bleibt dabei derselbe); das resultierende Strombild ändert sich dabei mehr oder weniger stark, je nach der Größe der Veränderung von $\frac{q}{\omega}$; bei kleinen Werten von q und überwiegender Rotation erhält man Strömungsverhältnisse, die von den bisher bekannten und dem Gefühl geläufigen vollkommen abweichen. Je kleiner der Wert von ω im Verhältnis zu q ist, um so mehr nähern sich die Stromlinienbilder der Relativbewegung den bekannten der wirbelfreien Strömung.

Diese Verhältnisse werden bei den nun folgenden einzelnen Beispielen genauer klargelegt werden.

6. Als einfachstes Beispiel wird zuerst ein Kanal mit geradliniger Begrenzung behandelt, dessen Endquerschnitte so weit von dem betrachteten Teil entfernt sind, daß der Einfluß der Geschwindigkeitsverteilung auf ihnen gänzlich zu vernachlässigen ist. Die Geschwindigkeiten werden dann sämtlich den Kanalwandungen parallel sein, die Stromfunktion ω wird lediglich eine Funktion der senkrecht zu den Kanalwandungen gezogenen Richtung. Die Kanalwandungen mögen parallel zur y-Achse verlaufen; ψ ist dann eine Funktion allein von x.

Gleichung (13) geht unter diesen Annahmen über in:

$$\frac{d^2\psi}{dx^2} = -2\omega \quad \ldots \ldots \ldots \quad (15)$$

Die Integration ergibt sofort:

$$\frac{d\psi}{dx} = w^y = -2\omega x + A \quad \ldots \ldots \quad (16)$$

und

$$\psi = -\omega x^2 + Ax + B \quad \ldots \ldots \quad (17)$$

mit A und B als Konstanten.

Gleichung (16) bestätigt nachträglich die Annahme, daß die Geschwindigkeiten durchweg parallel zur y-Achse verlaufen.

Liegen die seitlichen Kanalwände symmetrisch zur Achse, etwa bei $x = -b$ und $x = +b$, was bei einer Gesamtbreite $2b$ entspricht, und wird der Kanal von der Durchflußmenge q durchströmt (q in Volumeneinheiten pro Zeiteinheit auf die Einheit der Kanalhöhe bezogen), so ist:

$$\psi = 0 \text{ für } x = -b$$

und

$$\psi = q \text{ für } x = +b.$$

Hieraus ergeben sich die Konstanten A und B zu:

$$A = \frac{q}{2b}$$

und

$$B = \frac{q}{2} + \omega b^2.$$

Hiermit wird:

$$w^y = \frac{q}{2b} - 2\omega x \quad \ldots\ldots\ldots \quad (18)$$

und

$$\psi = \frac{q}{2}\left(1 + \frac{x}{b}\right) + \omega b^2 \left[1 - \left(\frac{x}{b}\right)^2\right] \quad \ldots\ldots \quad (19)$$

ψ hat also parabelförmigen Verlauf, w^y geradlinigen.

Die im vorigen Abschnitt als vorteilhaft empfohlene Zerlegung in zwei Bestandteile, von denen der eine allein von der Durchflußmenge, der andere lediglich von der Winkelgeschwindigkeit abhängt, ist hier ganz von selbst eingetreten, und zwar sowohl in dem Ausdruck für die Geschwindigkeit als auch in dem für die Stromfunktion.

Der von q herrührende Anteil liefert für w^y das konstante Glied $\frac{q}{2b}$ und für ψ den linear verlaufenden Wert $\frac{q}{e}\left(1 + \frac{x}{b}\right)$. Die hierzu gehörende Strömung ist offenbar wirbelfrei, Stromlinien für das gleiche Intervall dieses Teilwertes von ψ haben voneinander gleichbleibenden Abstand; die seitlichen Begrenzungen erhalten den Wert Null und q von diesem wirbelfreien Anteil her.

Die Beträge $-2\omega x$ bei der Geschwindigkeit und $\omega b^2\left[1 - \left(\frac{x}{b}\right)^2\right]$ bei der Stromfunktion enthalten den wirbelbehafteten Anteil. Die Geschwindigkeitsverteilung hierfür ist linear; in der Mitte des Kanals herrscht die Geschwindigkeit Null, auf $x = b$ ist hierfür $w^v = -2\omega b$; auf $x = -b : w^v = +2\omega b$. Dieser Anteil der Stromfunktion hat auf beiden Begrenzungen den Wert Null.

Die resultierende Geschwindigkeit und die entsprechende Stromfunktion ergibt sich durch Addition der zusammengehörigen Beträge; in Fig. 20 sind die Verhältnisse in einem solchen Kanal für einen Querschnitt dargestellt; sie sind in allen Querschnitten die gleichen.

q ist hierbei negativ angenommen, entsprechend einer negativen Durchflußrichtung.

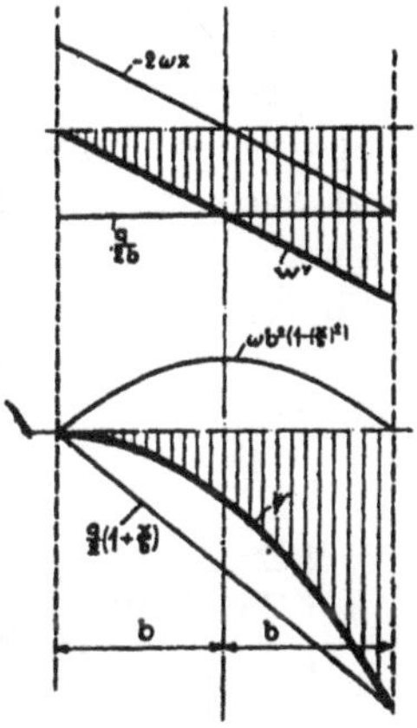

Fig. 20.

Fig. 21 zeigt die Stromlinien für denselben Fall. Man sieht sofort den prinzipiellen Unterschied dieses Stromlinienbildes gegenüber dem für die wirbelfreie Strömung, dessen Stromlinie bei konstanter Geschwindigkeit gleichen

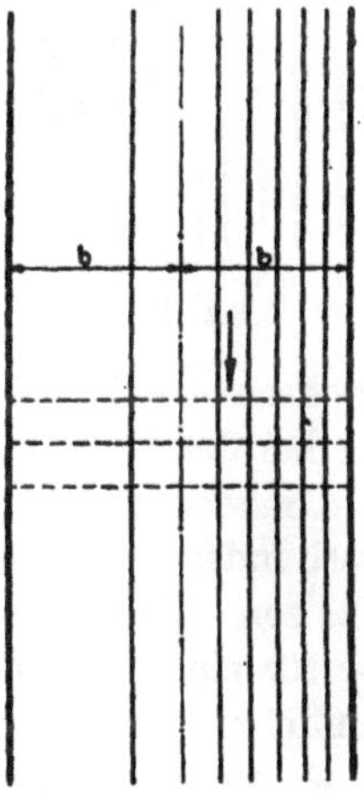

Fig. 21.

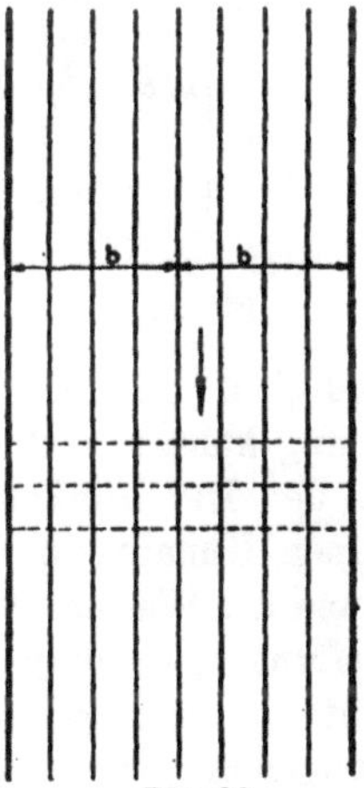

Fig. 22.

Abstand haben (s. Fig. 22), während die Stromlinien der wirbelbehafteten Relativströmung nach der einen Kanalwand zusammengedrängt sind. Dementsprechend bilden die Orthogonaltrajektorien der Stromlinien mit ihnen auch keine Quadrate, sondern Rechtecke von variabler Form, deren Seitenverhältnis von Stromlinie zu Stromlinie sich ändert.

Ein Blick auf Fig. 20 lehrt ferner, daß bei einer Veränderung des Verhältnisses Durchflußmenge zu Winkelgeschwindigkeit auch die Anordnung der Stromlinien geändert wird. Je kleiner die Durchflußmenge ist, um so mehr überwiegt der Einfluß der Rotation, die auf der einen Kanalwand die

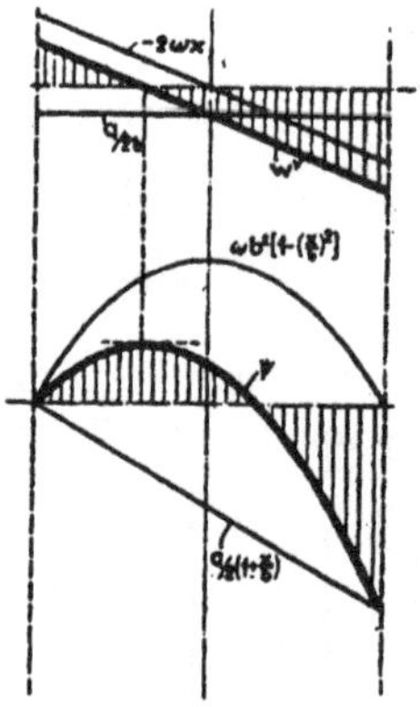

Fig. 23.

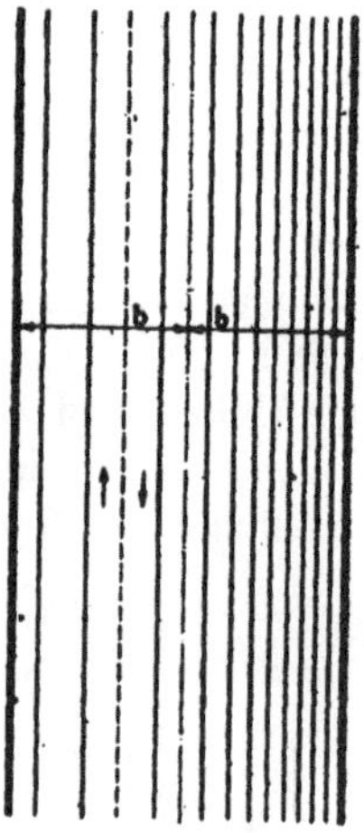

Fig. 24.

Geschwindigkeit erhöht, auf der andern verringert; diese Verringerung kann soweit gehen, daß bei durchaus endlichen Beträgen der Durchflußmenge eine Umkehr der Strömung an der einen Kanalwand auftritt, verbunden mit einem Zurückströmen der Wassermenge. Fig. 23 zeigt die Geschwindigkeitsverteilung sowie diejenige von ψ für einen solchen Fall; Fig. 24 enthält die zugehörigen Stromlinien. Auch hier ist q negativ angenommen, entsprechend der in die Figuren eingetragenen Strömungsrichtung.

Der Übergang von der reinen Rotationsströmung in die Strömung mit größeren Durchflußmengen erfolgt durchaus stetig

Diejenige Durchflußmenge, bei der an der einen Kanalwand etwa bei $x = +b$, gerade die Geschwindigkeit Null auftritt, ergibt sich aus Gleichung (18) zu:

$$q_0 = 4\,\omega \cdot b^2 \quad . \; . \; . \; . \; . \; . \; . \; . \; . \; (20)$$

Hieraus erhält man das zugehörige Verhältnis von q zu ω:

$$\left(\frac{q}{\omega}\right)_0 = 4\,b^2 \quad . \; . \; . \; . \; . \; . \; . \; . \; . \; (21)$$

Um einen zahlenmäßigen Anhalt für die Verhältnisse zu bekommen, werde gesetzt:

$$\omega = 200\,\frac{1}{\text{sec}};\; b = 2{,}5\,\text{cm},$$

damit wird:

$$q_0 = 4 \cdot 200 \cdot 2{,}5^2 = 5000\,\frac{\text{cm}^3}{\text{sec}} \text{ auf 1 cm Höhe.}$$

Bei einem Pumpenrade von ca. 2000 U./Min., das bei einer Höhe von 1 cm 10 annähernd geradlinige lange Kanäle von etwa 5 cm durchschnittlicher Breite besitzt, tritt also bereits bei einer Gesamtdurchflußmenge von

$$10 \cdot 5000 = 50000\,\frac{\text{cm}^3}{\text{sec}}\;(50\ \text{l/sec})$$

an der einen Kanalwand die Geschwindigkeit Null auf, die Geschwindigkeit an der anderen Kanalwand ist dabei das Doppelte der mittleren Geschwindigkeit.

Die durch die Rotation hervorgerufenen Ungleichmäßigkeiten in der Geschwindigkeitsverteilung sind also beträchtlicher, als es wohl im allgemeinen angenommen wird.

Gleichung (20) zeigt übrigens, daß die Grenzwassermenge dem Quadrat der Kanalbreite proportional ist; der Einfluß der Schaufelzahl auf die Ungleichmäßigkeiten der Strömung ist also ganz bedeutend; bei doppelter Schaufelzahl tritt die Geschwindigkeit Null auf der einen Kanalwand erst bei einem Viertel der bei der ursprünglich angenommenen Schaufelzahl geltenden Grenzwassermenge auf. Dies gilt allerdings nur bei Schaufelkanälen von genügender Länge mit annähernd parallelen geradlinigen Kanalbegrenzungen.

Für Fig. 20 und 21 ist $q = -q_0$ angenommen.

Fig. 25 zeigt noch die Stromlinien für die Durchflußmenge Null, also für die Rotation allein. Es ist sehr bemerkenswert, daß die wirbelbehaftete Strömung die Durchflußmenge Null dadurch herstellt, daß auf der einen Seite des Kanals positive, auf der andern negative Geschwindigkeiten vom gleichen Betrage auftreten, während bei der wirbelfreien Strömung die Geschwindigkeit überall Null wird, wenn die Durchflußmenge Null ist. Dies ist andererseits plausibel, da eine Strömung mit endlichem Wirbel nicht durchweg Geschwindigkeiten vom Werte Null haben kann, die selbstverständlich auch den Wirbel zu Null machen würden.

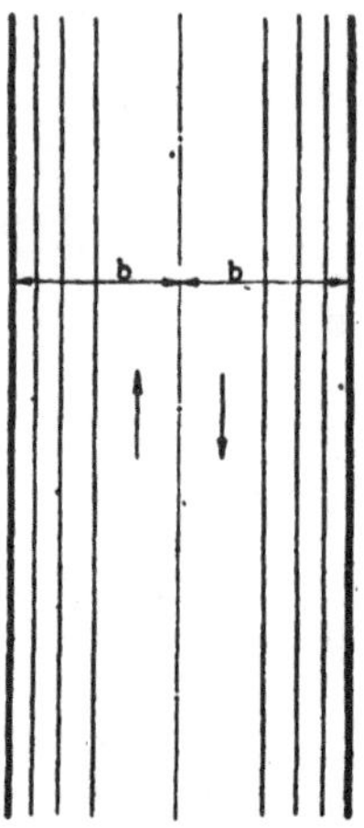

Fig. 25.

Daß die Stromlinien der reinen Rotation hier nicht geschlossene Kurven sind, ist dadurch begründet, daß Austritts- und Eintrittsquerschnitt des betrachteten Kanales im Unendlichen liegen.

Die Druckverteilung in dem Kanal hängt nicht nur von der Geschwindigkeitsverteilung, sondern, wie Gleichung (9) durch das Vorhandensein des Gliedes $\frac{r^2\omega^2}{2g}$ zeigt, auch von der Lage des Kanals zum Drehpunkte ab. Die Geschwindigkeitsverteilung ist von dieser Lage unabhängig.

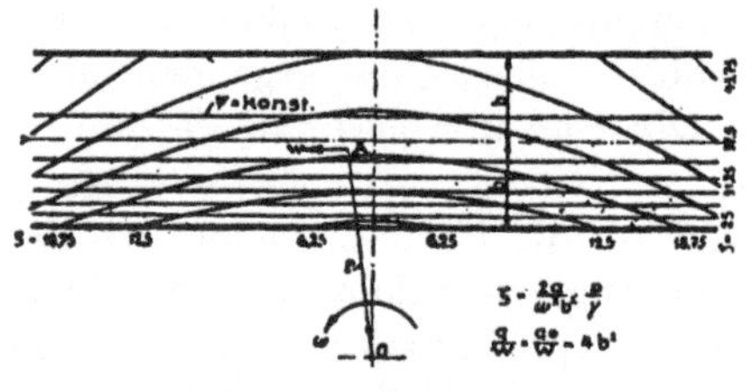

Fig. 26.

Fig. 26 zeigt die Druckverteilung in dem Kanal der Fig. 20 bei $q = q_0$, wenn der Drehpunkt in der Entfernung 2,5 b von der Kanalmittellinie liegt. Die Figur spricht für sich selbst und bedarf keiner weiteren Erläuterung; die ebenfalls eingetragenen Stromlinien sind gleichzeitig Linien gleicher Geschwindigkeit. In welchen Teilen der Kanal als Pumpe arbeitet, in welchen als Turbine, kann ebenfalls ohne weiteres aus der Figur übersehen werden.

Die auf einfachste Weise klargelegten Verhältnisse für den geradlinigen unendlich langen Kanal sind in vieler Beziehung für alle anderen Fälle typisch; einige weitere einfache Beispiele können kürzer behandelt werden.

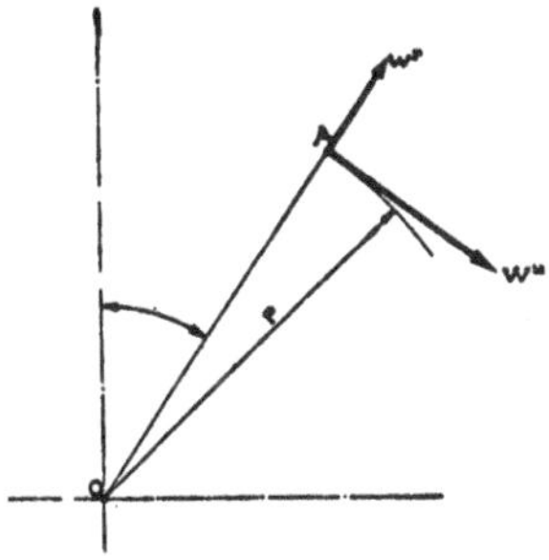

Fig. 27.

7. Für viele Aufgaben des Turbinenbaues ist die Benutzung eines Polarkoordinatensystems r, φ (Fig. 27) bequemer als das bisher benutzte rechtwinklige. Wie eine einfache Umrechnung ergibt, geht hierfür die Kontinuitätsgleichung über in

$$\frac{\partial w^r}{\partial r} + \frac{w^r}{r} + \frac{\partial w^u}{r\,\partial \varphi} = 0 \quad \ldots\ldots \quad (22)$$

weiter ist zu setzen:

$$\left.\begin{aligned} w^r &= \frac{\partial \psi}{r\,\partial \varphi} \\ \text{und} \qquad w^u &= -\frac{\partial \psi}{\partial r} \end{aligned}\right\} \quad \ldots\ldots \quad (23)$$

Die Wirbelbedingung lautet:

$$\frac{\partial w^r}{r\,\partial \varphi} - \frac{w^u}{r} - \frac{\partial w^u}{\partial r} = -2\,\omega \quad \ldots\ldots \quad (24)$$

dies führt für ψ auf die Differentialgleichung:

$$\frac{1}{r^2}\,\frac{\partial^2 \psi}{\partial \varphi^2} + \frac{1}{r}\,\frac{\partial \psi}{\partial r} + \frac{\partial^2 \psi}{\partial r^2} = -2\,\omega \quad \ldots\ldots \quad (25)$$

Die Gleichungen (22) bis (25) treten also für Polarkoordinaten an die Stelle der bei rechtwinkligen Koordinaten gültigen Gleichungen (11) bis (14)[1].

---

[1]) S. hierzu: Prasil, »Über Flüssigkeitsströmungen in Rotationshohlräumen.

Die einfachste Strömung, die in diesen Koordinaten zu behandeln ist, ist die Kreisströmung mit $w^r = 0$.

Hierfür wird also: $\frac{\partial \psi}{\partial \varphi} = 0$; ψ ist also eine Funktion allein vom Radius.

Gleichung (25) reduziert sich auf:

$$r \frac{d^2 \psi}{d r^2} + \frac{d \psi}{d r} = -2 r \omega.$$

Hieraus wird durch einfache Umformung:

$$\frac{d\left(r \frac{d \psi}{d r}\right)}{d r} = -2 r \omega.$$

Dies ergibt:

$$r \frac{d \psi}{d r} = -\omega r^2 + A$$

und

$$w^u = -\frac{d \psi}{d r} = \omega r - \frac{A}{r} \quad \ldots \ldots \quad (27)$$

Schließlich wird:

$$\psi = -\frac{1}{2} \omega r^2 + A \ln r + B \quad \ldots \ldots \quad (28)$$

Die Integrationskonstanten bestimmen sich hier ebenso wie beim geradlinigen Kanal aus der Wassermenge, die durch einen von 2 Kreisen mit gegebenen Radien gebildeten Kanal

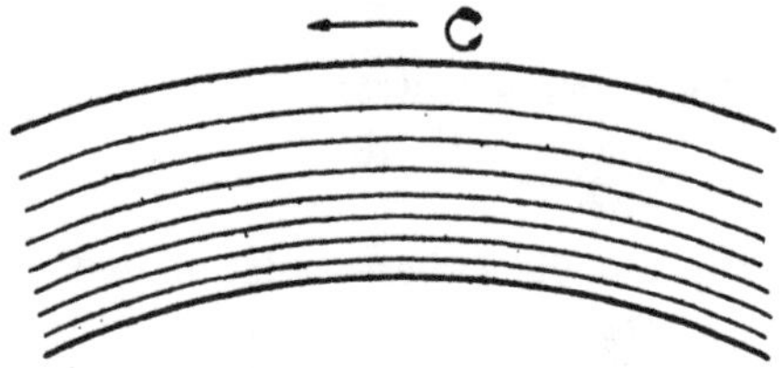

Fig. 28.

strömt; auch hier läßt sich die Grenzwassermenge berechnen, bei der für eine gegebene Winkelgeschwindigkeit die Geschwindigkeit an der einen Kanalwand gerade Null wird. Denn die Zusammensetzung der gesamten Stromfunktion aus den Einzelbestandteilen der Rotation und der Durchflußströmung zeigt sich hier ebenso wie beim rechtwinkligen Kanal. Der Einfluß der Krümmung ist durch das Glied $A \ln r$ für die Stromfunktion und A/r für die Geschwindigkeit berücksichtigt; es ist dies das bekannte Resultat, daß bei wirbelfreier Kreisströmung die Geschwindigkeit umgekehrt proportional dem Radius verläuft. Die Krümmung der Stromlinien zeigt sich

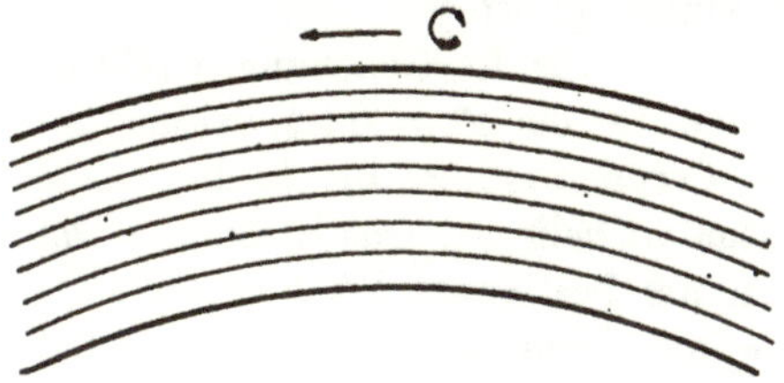

Fig. 29.

je nach der gegenseitigen Lage von Rotation und Durchflußströmung entweder in einer Verstärkung oder einer Milderung der Geschwindigkeitsunterschiede. Fig. 28 und 29 zeigen die Stromlinien für den gleichen Kanal bei gleicher Durchflußmenge und Winkelgeschwindigkeit für die beiden möglichen Richtungen der Drehung bei gleichbleibender Durchflußrich-

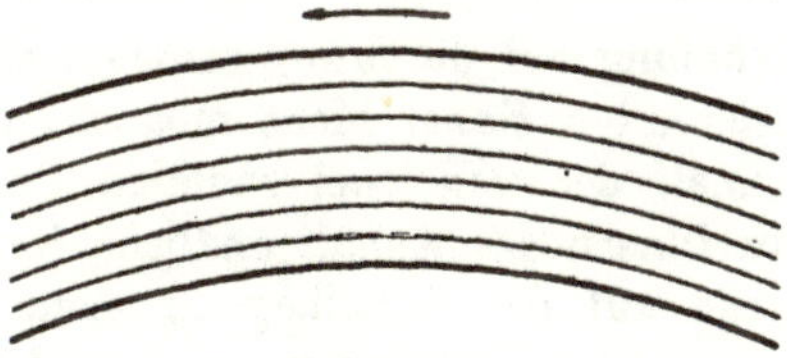

Fig. 30.

tung. Zum Vergleich ist in Fig. 30 die wirbelfreie Durchflußströmung allein ohne Rotation dargestellt; der Unterschied der drei Figuren ist charakteristisch.

Die hierdurch dargestellten Verhältnisse sind bei der Schaufelausbildung von Kreiselpumpen und Turbinen von größter Wichtigkeit.

Die Druckverteilung in dem Kanal ist auch hier, wie überall, von seiner Lage zur Drehachse abhängig; die Geschwindigkeitsverteilung dagegen nicht.

Die Fig. 28 bis 30 gelten ebenso wie die entsprechenden für die Strömung in geradlinigen Kanälen nur unter der Voraussetzung, daß die Kanalkrümmung vor und hinter dem betrachteten Teil des Kanals eine gewisse Strecke konstant bleibt; wenn dies nicht der Fall ist, wird die Form und Gestalt der Stromlinien geändert, wie es in den Ausführungen des Abschnittes 4 klargelegt ist.

Es liegt nahe, für die Gleichungen (22) bis (30) eine Lösung zu suchen, für die $w^u = 0$ ist, bei der also die Strömung auf radialen Geraden erfolgt, die zu den radialen Stromlinien der bekannten wirbelfreien Quellströmung von einem Punkte aus lediglich um bestimmte Winkelbestände versetzt wären, ähnlich wie die Stromlinien der wirbelbehafteten Parallelströmung gegenüber denen der entsprechenden wirbelfreien Strömung um bestimmte Abstände verschoben sind.

Wenn $w^u = \frac{\partial \psi}{\partial r}$ Null gesetzt wird, so muß ψ lediglich eine Funktion von φ sein. Dies steht aber in Widerspruch mit Gleichung (25), die für $\frac{\partial \psi}{\partial r} = 0$: $\frac{d^2 \psi}{d \varphi^2} = -2 r^2 \omega$ liefert, was mit der Bedingung, daß ψ allein von φ abhängen soll, offenbar in Widerspruch steht, wenn nicht ω gleich Null ist.

Eine Strömung auf durchweg radialen Geraden ist also in einem rotierenden Kanal nicht möglich; die Stromlinien in einem Kanal, der von zwei radialen Geraden begrenzt ist, haben im Innern des Kanals endliche Krümmungen, die beim Übergang auf die Kanalbegrenzungen allerdings verschwinden. Auf diese Verhältnisse wird später noch genauer eingegangen.

8. Eine einfache wichtige Strömungsform wird weiter erhalten, wenn die Relativstromlinien für diejenige Absolutströmung ermittelt werden, die mit oder ohne Umfangskomponente von einer im Zentrum liegenden Quelle ausgeht und ohne jede Beeinflussung durch Schaufeln etc. mit vollkommen gleichmäßigen Verhältnissen auf jedem Parallelkreis sich nach allen Seiten ins Unendliche erstreckt. Bei Abwesenheit einer Umfangskomponente sind die absoluten Stromlinien radiale Gerade, die unter gleichen Winkeln zueinander ge-

zogen sind; ist die Umfangskomponente c^u nicht durchweg Null, so verläuft sie, da $u \cdot c^u$ wegen der Unveränderlichkeit der Energie konstant ist, umgekehrt proportional zum Radius;

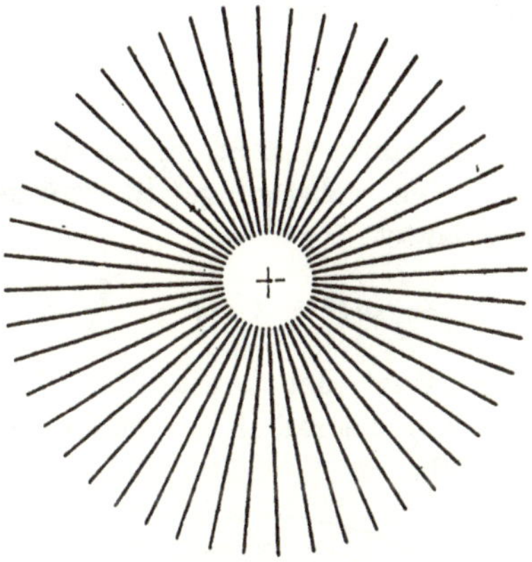

Fig. 31.

die zugehörigen Stromlinien sind logarithmische Spiralen, die bekanntlich in jedem Punkt mit dem Radius oder mit dem Parallelkreis den gleichen Winkel bilden.

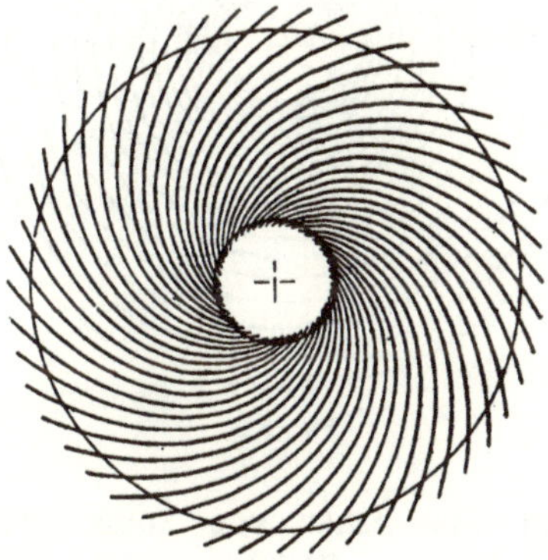

Fig. 33.

Fig. 31 zeigt eine solche Schar von radialen Geraden für die wirbelfreie Quellströmung. Fig. 33 eine entsprechende Schar von logarithmischen Spiralen.

Bei beiden Strömungen nimmt die Absolutgeschwindigkeit nach außen ab, um im Unendlichen den Wert Null zu erhalten.

Die zugehörige Relativströmung wird durch einfache Überlagerung der Stromfunktion

$$\psi = -\frac{1}{2}\omega r^2$$

erhalten, die durch konzentrische Kreise um den Ursprung dargestellt wird. Die vollständige Stromfunktion für die Relativbewegung lautet:

$$\psi = -\frac{1}{2}\omega r^2 + A \ln r + \frac{q}{2\pi}\varphi \quad . \; . \; . \; . \; . \quad (29)$$

hierin ist A der Wert des konstanten Geschwindigkeitsmomentes $c^u r$ und q die radial strömende Durchflußmenge pro Einheit der Höhe.

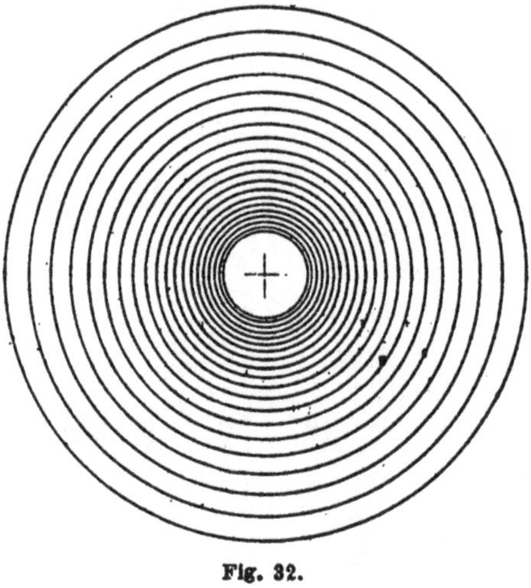

Fig. 32.

Fig. 32 zeigt eine Schar von konzentrischen Kreisen, die dem Anteil $A \ln r$ von Gleichung (29) entspricht. Durch Übereinanderlagerung von Fig. 31 und Fig. 32 entsteht Fig. 33.

Fig. 34 zeigt eine Kreisschar, die dem Anteil $-\frac{1}{2}\omega r^2$ entspricht, durch Überlagerung von Fig. 34 über Fig. 31 ist

Fig. 35 entstanden, die also eine Relativströmung darstellt, bei der das Geschwindigkeitsmoment der Absolutströmung Null ist.

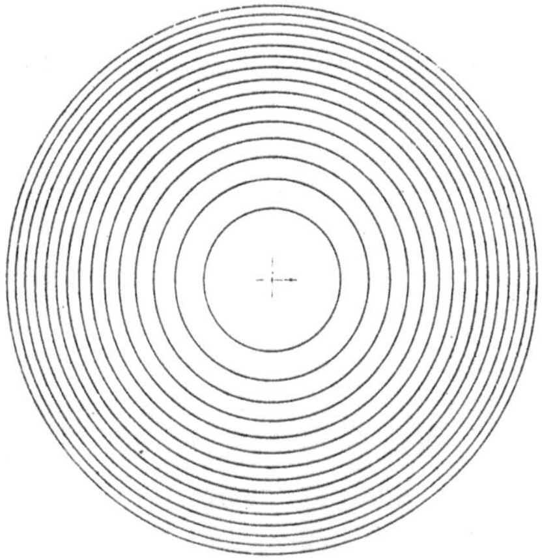

Fig. 34.

Bei kleinen Werten der Durchflußmenge im Verhältnis zur Winkelgeschwindigkeit können die Relativstromlinien

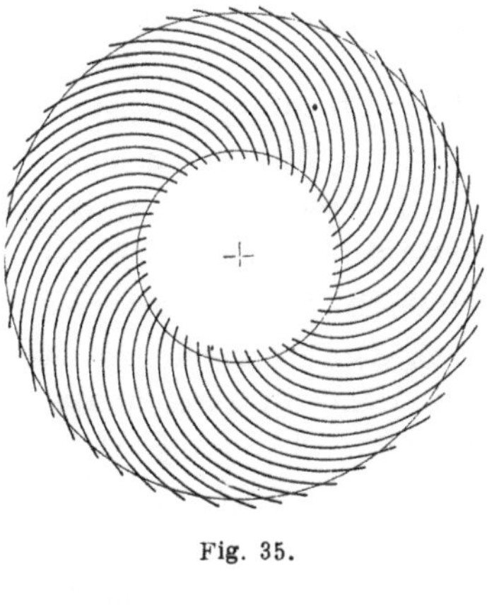

Fig. 35.

bei konstantem absoluten Geschwindigkeitsmoment sehr extreme Formen annehmen, die von dem gleichmäßigen

Verlauf der zugehörigen logarithmischen Spiralen der Absolutströmung vollkommen abweichen. Entsprechende Beispiele können in einfachster Weise erhalten werden.

Bei Vernachlässigung des Einflusses der Reibung geben die Relativstromlinien bei $c^u r$ = konstant diejenigen Formen an, die rotierende Schaufeln haben müssen, wenn sie bei den betreffenden Werten von q und ω ohne Beeinflussung der gleichmäßigen Absolutströmung die Flüssigkeit durchschneiden sollen. In ähnlicher Weise werden bekanntlich die Schaufelenden von Energie übertragenden Rädern ausgeführt, um einen möglichst günstigen Übergang von der Strömung innerhalb des Kanals auf die Strömung in dem schaufelfreien »Spalt« zu erhalten, in dem aus naheliegenden Gründen eine möglichst gleichmäßige Strömung angestrebt wird.

9. Nach diesen einfachen Beispielen werde jetzt nochmals auf die Strömung in dem unendlich langen geradlinigen Kanal zurückgegriffen, dessen Strömungsverhältnisse in Abschnitt 6 ausführlich erläutert und in Fig. 20 bis 26 dargestellt sind. Es hat sich dabei ergeben, daß bei einem gewissen Grenzwert der Wassermenge (bei gegebener Kanalbreite und Winkelgeschwindigkeit) an der einen Kanalwand die Relativgeschwindigkeit Null wird, und daß bei weiterer Verringerung der Durchflußmenge an dieser Kanalwand eine Umkehr der Strömungsrichtung eintritt.

Bei dem unendlich langen Kanal blieben die Stromlinien unter allen Umständen gerade Linien, längs denen die Geschwindigkeit konstant ist, mit positivem oder negativem Wert auf einer Linie mit dem Wert Null.

Wenn jetzt von der Voraussetzung unendlich weit entfernter Austritts- und Eintrittsquerschnitte abgegangen wird, so ergeben sich folgende merkwürdige Verhältnisse:

Es werde angenommen, daß die Verteilung der Durchflußmenge über die beiden Endquerschnitte bei variablem Wert der Durchflußmenge verhältnismäßig immer dieselbe sein soll; dies kann z. B. bei einer Unterteilung der Aus- und Eintrittsöffnung durch eine genügende Anzahl von Leitschaufeln mit beliebiger Annäherung praktisch ausgeführt werden. Es liegt am nächsten, diese Verteilung zunächst gleichmäßig anzunehmen, d. h. vorauszusetzen, daß die Zu- und Abströmung auf den Endquerschnitten mit konstanten Geschwindigkeiten erfolgt. Diese Geschwindigkeit, die von der Durchflußmenge herrührt, hat selbstverständlich stets die gleiche Richtung, nämlich diejenige, in der die Durchflußmenge im ganzen durch den Kanal strömt. Wenn jetzt die Durchflußmenge unter den Wert $q_0 = 4\,\omega\,b^2$ verkleinert wird, so treten an der einen Wand des Kanals, der immer noch als so lang angenommen wird, daß in seinem Innern annähernd die Beziehungen des Abschnittes 5 gelten, entgegengesetzt gerichtete Geschwindigkeiten auf. In den Endquerschnitten haben die Geschwindigkeiten durchweg die gleiche Richtung der Durchflußströmung; schreitet man also auf der Kanalwand, in deren Mitte die Umkehrung der Geschwindigkeitsrichtung durch die Verkleinerung der Durchflußmenge hervorgerufen wird, vom Innern des Kanals nach dem Eintrittsquerschnitt hin fort, so gelangt man aus einem Gebiet negativer Geschwindigkeiten in ein solches mit positiven Geschwindigkeiten. Dabei muß in einem Punkt die Geschwindigkeit Null herrschen. (S. Fig. 36.) Dies ist nur möglich, wenn in diesem Punkt die mit der Kanalwand zusammenfallende Stromlinie eine Verzweigungsstelle hat, an welcher der eine Zweig unter einem endlichen Winkel von der Kanalwand abbiegt, in das Innere des Kanals eindringt und gewissermaßen eine künstliche Verengung des Kanals herstellt. In der Nähe der Austrittsöffnung muß diese vor den andern ausgezeichnete Stromlinie wieder in entsprechender Weise auf die Kanalwand stoßen, in einem Punkte, in dem die Relativgeschwindigkeit ebenfalls Null ist. Sie grenzt zwischen den beiden Verzweigungspunkten zusammen mit dem entsprechenden Teil der Kanalwand ein Gebiet ab, in dem die Flüssigkeit in geschlossenen Bahnen strömt; dieser Teil der Flüssigkeit bleibt ständig in dem Kanalinnern und nimmt an

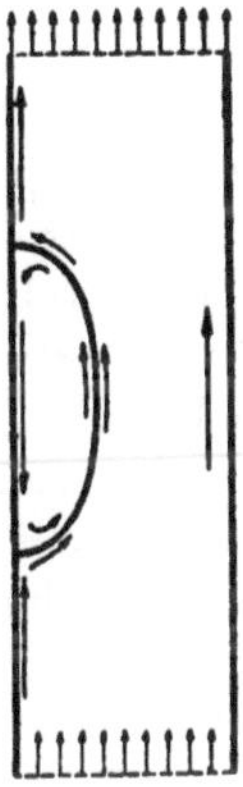

Fig. 36.

der Durchflußströmung nicht teil. Diese Verhältnisse sind in der Fig. 36 schematisch angedeutet[1]).

10. Zu ihrer zahlenmäßigen Untersuchung — wenigstens für einen typischen Fall — ist es notwendig, zum mindesten ein Kanalende in die mathematische Behandlung hineinzubeziehen. Man erhält wohl den einfachsten möglichen Fall, wenn die geradlinigen Begrenzungen des bisher parallelwandigen Kanals unter einer endlichen Neigung zueinander gezogen werden, derart, daß sie sich auf der Seite, von der die Flüssigkeit herkommt, schneiden. Bei Abwesenheit jeder Rotation erhält man so die bekannte wirbelfreie Strömung von einem Quellpunkte aus, deren Stromlinien, wie schon mehrfach erwähnt, radiale Gerade sind, die unter gleichen Winkelabständen verlaufen; der Quellpunkt stellt den »Eintrittsquerschnitt« des Kanals dar. Über diese einfache wirbelfreie Durchflußströmung lagert sich in bekannter Weise die Rotationsströmung, für die der zahlenmäßige Ausdruck nunmehr aufzustellen ist.

Hierzu werden die oben bereits benutzten Polarkoordinaten r, φ verwendet. Die Differentialgleichung für die Stromfunktion lautet:

$$\frac{1}{r^2}\frac{\partial^2\psi}{\partial\varphi^2}+\frac{1}{r}\frac{\partial\psi}{\partial r}+\frac{\partial^2\psi}{\partial r^2}=-2\omega \quad . \quad . \quad . \quad . \quad (25)$$

Die gewünschte Lösung für ψ wird gewonnen durch den Ansatz:

$$\psi = R_1 \cdot \Phi + R_2 \quad . \quad . \quad . \quad . \quad . \quad . \quad . \quad . \quad . \quad (30)$$

Hierin ist Φ eine Funktion nur von φ; R_1 und R_2 Funktionen nur von r.

Man erhält aus (30):

$$\frac{\partial^2\psi}{\partial\varphi^2}=R_1\frac{d^2\Phi}{d\varphi^2};\quad \frac{\partial\psi}{\partial r}=\Phi\frac{dR_1}{dr}+\frac{dR_2}{dr};$$

$$\frac{\partial^2\psi}{\partial r^2}=\Phi\frac{d^2R_1}{dr^2}+\frac{d^2R_2}{dr^2}.$$

[1]) Auf die Möglichkeit von derartigen Singularitäten deutet G. Flügel in seiner bereits zitierten Dissertation hin. Ähnliche Hinweise finden sich bereits bei Wagenbach, Beiträge zur Berechnung und Konstruktion der Turbomaschinen (Z. f. d. gesamte Turbinenwesen 1908).

Dies ergibt nach Einsetzen in (25):

$$\frac{R_1}{r^2} \cdot \frac{d^2\Phi}{d\varphi^2} + \frac{1}{r}\Phi\frac{dR_1}{dr} + \frac{1}{r}\frac{dR_2}{dr} + \Phi\frac{d^2R_1}{dr^2} + \frac{d^2R_2}{dr^2} = -2\omega.$$

Hieraus wird durch Division mit $\frac{R_1 \cdot \Phi}{r^2}$ und entsprechende Zusammenfassung:

$$\frac{1}{\Phi}\frac{d^2\Phi}{d\varphi^2} + \frac{1}{R_1}\left(r\frac{dR_1}{dr} + r^2\frac{d^2R_1}{dr^2}\right) + \\ + \frac{1}{R_1\Phi}\left(r\frac{dR_2}{dr} + r^2\frac{d^2R_2}{dr^2} + 2\omega r^2\right) = 0 \quad (31)$$

Diese Beziehung ist mit der Bedingung, daß R_1 und R_2 nur von r, dagegen Φ nur von φ abhängen soll, nur vereinbar, wenn folgende drei Gleichungen erfüllt sind:

$$\frac{1}{\Phi}\frac{d^2\Phi}{d\varphi^2} = m^2 \quad \ldots\ldots\ldots \quad (32)$$

$$\frac{1}{R_1}\left(r\frac{dR_1}{dr} + r^2\frac{d^2R_1}{dr^2}\right) = -m^2 \quad \ldots\ldots \quad (33)$$

$$r\frac{dR_2}{dr} + r^2\frac{d^2R_2}{dr^2} + 2\omega r^2 = 0 \quad \ldots\ldots \quad (34)$$

Hierin ist m^2 eine zunächst beliebige Konstante.

Durch den Ansatz (30) ist also die partielle Differentialgleichung (25) gespalten in die drei gewöhnlichen Differentialgleichungen (32) bis (34), deren Lösungen sämtlich bekannt sind.

Wie man sich leicht überzeugt, werden diese drei Gleichungen erfüllt durch:

$$R_1 = A_1 r^m + A_2 r^{-m} \quad \ldots\ldots\ldots \quad (35)$$

$$R_2 = -\frac{1}{2}\omega r^2 + B_1 \ln r + B_2 \quad \ldots\ldots \quad (36)$$

$$\Phi = C_1 \sin m\varphi + C_2 \cos m\varphi \quad \ldots\ldots \quad (37)$$

Durch Einsetzen dieser Beziehungen in Gleichung (30) erhält man also für ψ den Ausdruck:

$$\psi = (A_1 r^m + A_2 r^{-m})(C_1 \sin m\varphi - C_2 \cos m\varphi) - \frac{1}{2}\omega r^2 + \\ + B_1 \ln r + B_2 \quad \ldots\ldots\ldots \quad (38)$$

Hierin ist m eine zunächst beliebige Konstante, die jeden Wert annehmen kann. Dementsprechend kann anstatt des einen Klammerproduktes der Gleichung (38) eine beliebige Anzahl solcher Klammerprodukte treten, die nur die eine Bedingung erfüllen müssen, daß die Exponenten von r und $\frac{1}{r}$ gleich den Faktoren von φ hinter dem Sinus- und Kosinuszeichen desselben Klammerproduktes sind. Die Anzahl der Glieder kann endlich oder unendlich sein; im letzteren Falle bilden sie eine Reihe, die, um einen endlichen Wert für ψ zu ergeben, für die entsprechenden Werte von r und φ konvergieren muß. Es ist ohne weiteres einleuchtend, daß man hierdurch eine große Anzahl von Lösungen gewinnen kann, da man sich je nach der Anzahl der Glieder und in jedem nach der Wahl der vier Konstanten A_1, A_2, B_1 und B_2 und des Wertes m den mannigfaltigsten Bedingungen anpassen kann.

Für den nach außen unbegrenzten Sektor ergibt sich folgendes:

Fig. 37 zeigt schematisch den Sektor mit den Hauptbezeichnungen. Sein Öffnungswinkel ist $2\,\alpha$; die zu erwartende

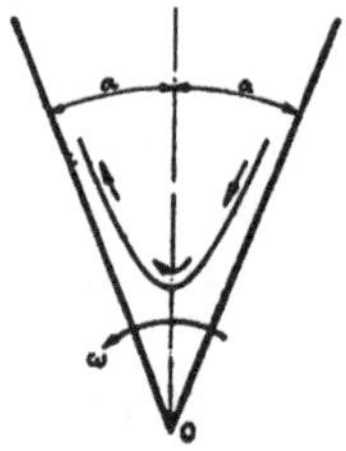

Fig. 37.

Form der Stromlinien der Rotation ist ebenfalls schematisch angedeutet. Für die Stromfunktion ψ, soweit sie die Rotationsströmung darstellt, liegen folgende Bedingungen fest: Sie muß auf den beiden begrenzenden Radien den gleichen konstanten Wert annehmen, der zu Null gewählt werden kann, da die Stromfunktion stets nur bis auf eine additive Konstante festgelegt ist; im Ursprung muß derselbe Wert von ψ vorhanden sein. Außerdem muß im Innern des Sektors der Verlauf von ψ auf einem unter dem Winkel $+\varphi$ zur Nullachse gezogenen Radius genau derselbe sein, wie der auf einen unter dem

Winkel $-\varphi$ gezogenen, da das zu erwartende Stromlinienbild der Rotation symmetrisch sein muß.

Es ist also:

$$\psi = 0 \text{ für } \varphi = \pm \alpha \quad \ldots \ldots \quad (39)$$

und

$$\psi(+\varphi) = \psi(-\varphi) \quad \ldots \ldots \quad (40)$$

Die letzte Bedingung führt sofort auf

$$C_1 = 0;$$

da der Sinus die Bedingung der Symmetrie nicht erfüllt.

Da ferner im Ursprung, für $r = 0$, ebenfalls $\psi = 0$ vorgeschrieben ist, ist auch A_2, der Faktor von r^{-m}, gleich Null zu setzen, da r^{-m} für $r = 0$ unendliche Werte annimmt; aus der gleichen Bedingung folgt weiter:

$$B_1 = 0$$

und

$$B_2 = 0,$$

so daß Gleichung (38) sich vereinfacht zu:

$$\psi = A\, r^m \cos m\varphi - \frac{1}{2}\omega r^2 \quad \ldots \ldots \quad (41)$$

Der letzten vorhandenen Bedingung, $\psi = 0$ für $\varphi = \pm \alpha$, läßt sich bereits mit einem einzigen Gliede $A\, r^m \cos m\varphi$ nachkommen, indem nämlich gesetzt wird:

$$m = 2$$

und

$$A = \frac{1}{2}\omega \frac{1}{\cos 2\alpha}.$$

Hiermit wird endgültig für die Rotationsströmung im nach außen unbegrenzten Sektor:

$$\psi = \frac{1}{2}\omega r^2 \left(\frac{\cos 2\varphi}{\cos 2\alpha} - 1\right) \quad \ldots \ldots \quad (42)$$

Fig. 38 zeigt die Stromlinien für diesen Fall bei $2\alpha = \frac{2\pi}{20} = 18^0$ für ein Intervall $\delta\psi = 0{,}0017 \cdot \omega$; es ist also ein Schaufelrad mit 20 bis ins Unendliche laufenden radialen Schaufeln angenommen. Der Verlauf der Rotationsströmung ist aus der Figur deutlich zu ersehen; auf der einen Hälfte strömt die Flüssigkeit relativ zum Kanal nach innen, kehrt auf der Symmetrieachse ihre Richtung um und strömt auf der andern Seite wieder nach außen. Daß die Kurven außen nicht geschlossen sind, liegt daran, daß der Außenquerschnitt des Kanals auch hier noch im Unendlichen liegt; auf der andern Seite gehen jedoch die Stromlinien, wie beabsichtigt, aus der einen Strömungsrichtung stetig in die entgegengesetzte über.

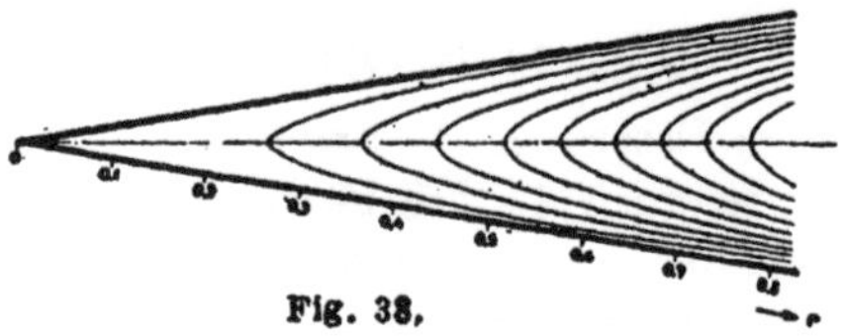

Fig. 38.

Die Stromfunktion für die Durchflußströmung hat den Wert:

$$\psi = \frac{q}{2\pi} \cdot \varphi \quad \ldots \ldots \quad (43)$$

Hierin ist q die Durchflußmenge, die pro Einheit der Höhe durch einen geschlossenen Zylinder in der Zeiteinheit nach außen strömt.

Die gesamte Strömung, die sich aus der Durchfluß- und der Rotationsströmung zusammensetzt, wird also dargestellt durch:

$$\psi = \frac{1}{2}\omega r^2 \left(\frac{\cos 2\varphi}{\cos 2\alpha} - 1\right) + \frac{q}{2\pi} \cdot \varphi \quad \ldots \quad (44)$$

aus dieser Beziehung lassen sich ihre Eigenschaften vollständig ableiten.

Vor allen Dingen interessiert der Geschwindigkeitsverlauf auf den beiden begrenzenden Radien $\varphi = \pm \alpha$. Hier treten lediglich Radialgeschwindigkeiten auf, es ist also:

$$w = w^r = \frac{\partial \psi}{r \partial \varphi}.$$

Man erhält aus (44):

$$\frac{\partial \psi}{\partial \varphi} = -\frac{1}{2}\omega r^2 \frac{\sin 2\varphi}{\cos 2\alpha} + \frac{q}{2\pi}.$$

Also ist auf den begrenzenden Radien, mit $\varphi = \pm \alpha$:

$$w = \frac{q}{2\pi r} - \omega r \operatorname{tg}(\pm 2\alpha) \quad \ldots \ldots \quad (45)$$

Auf dem einen Radius wird also die Geschwindigkeit der Durchflußströmung durch die Rotation erhöht, auf dem andern erniedrigt.

Für $\varphi = +\alpha$ wird $w = 0$, wenn:

$$\frac{q}{2\pi r} = \omega r \operatorname{tg} 2\alpha \quad \ldots \ldots \ldots \quad (46)$$

Die kritische Wassermenge, die auf einem konstant gehaltenen Radius r_0 die Relativgeschwindigkeit gerade Null werden läßt, ergibt sich hieraus zu:

$$q_0 = 2\pi\omega r_0^2 \operatorname{tg} 2\alpha \quad \ldots \ldots \ldots \quad (47)$$

das zugehörige Verhältnis von Durchflußmenge zu Winkelgeschwindigkeit wird:

$$\left(\frac{q}{\omega}\right)_0 = 2\pi r_0^2 \operatorname{tg} 2\alpha \quad \ldots \ldots \ldots \quad (48)$$

Für konstante Werte von r_0 und ω ist also q_0 proportional $\operatorname{tg} 2\alpha$; wird die Schaufelzahl $z = \frac{2\pi}{2\alpha}$ eingesetzt, so ist:

$$\left(\frac{q}{\omega}\right)_0 = 2\pi r_0^2 \operatorname{tg} \frac{2\pi}{z} \quad \ldots \ldots \quad (48\,a)$$

Fig. 39 zeigt den Verlauf von $\operatorname{tg} \frac{2\pi}{z}$ über z; die Kurve ist charakteristisch für den Einfluß der Schaufelzahl auf die Ungleichmäßigkeiten innerhalb des Kanals.

Der Druckverlauf auf den begrenzenden Radien ergibt sich aus der Beziehung (9) des zweiten Abschnittes dieses Kapitels unter Benutzung des Wertes w für nach Gleichung (45). Man erhält:

$$\frac{p}{\gamma} = \frac{r^2\omega^2}{2g} - \frac{\left[\frac{q}{2\pi r} - \omega r \operatorname{tg}(\pm 2\alpha)\right]^2}{2g} + \text{konst} \ . \quad (49)$$

für $w = 0$, $q = q_0$ und $r = r_0$ ist:

$$\frac{p}{\gamma} = \frac{r_0^2\omega^2}{2g} + \text{konst.}$$

Die Verhältnisse werden am einfachsten klar an Hand eines Zahlenbeispiels.

Es werde 2α zu $\frac{2\pi}{20}$ angenommen; entsprechend $z = 20$. Die Fig. 38 kann also direkt benutzt werden.

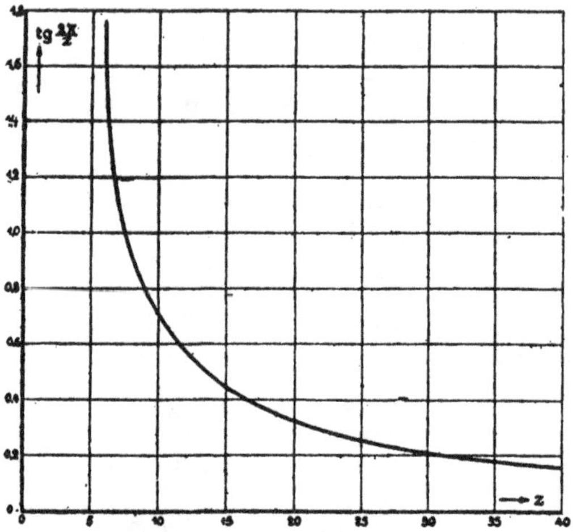

Fig. 39.

Für $\frac{q}{\omega}$ werden 2 Werte gewählt, der eine größer, der andere kleiner als $\left(\frac{q}{\omega}\right)_0$. Der Wert von r_0 wird zu 0,6 der Längeneinheit angenommen; damit wird:

$$\left(\frac{q}{\omega}\right)_0 = 2\pi \cdot 0{,}6^2 \cdot \operatorname{tg} 18^0 = 0{,}735.$$

Für die zwei zu behandelnden Werte von $\frac{q}{\omega}$ wird dementsprechend gewählt:

$$1.\quad \frac{q}{\omega} = 1{,}223.$$

$$2.\quad \frac{q}{\omega} = 0{,}204.$$

In den Fig. 40 und 41 sind die Stromlinien für beide Beispiele gezeichnet; Fig. 41 gilt für $q = 1{,}223\,\omega$; mit $\delta\psi = 0{,}0034$

ω; Fig. 40 für $q = 0{,}204\ \omega$ mit $\delta\psi = 0{,}0017\ \omega$. Das doppelte Intervall der Fig. 41 ist gewählt, damit die Stromlinien nicht zu eng aneinanderliegen, wodurch die Deutlichkeit der Zeichnung leiden würde. Beide Figuren zeigen das bereits erwähnte Abweichen der Stromlinien von radialen Geraden im Innern des Kanals; Fig. 40 zeigt außerdem die besonderen Verhältnisse, die infolge des kleineren Wertes von q an der einen Kanalwand

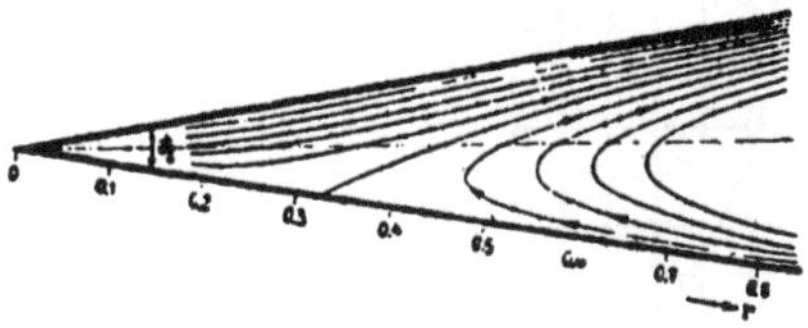

Fig. 40.

auftreten. Wie im vorigen Abschnitt vermutet war, wird auf dem Radius $\varphi = \alpha$ die Geschwindigkeit an einer bestimmten Stelle negativ; die zugehörige Stromlinie, die bis zu diesem Punkt mit der Wand zusammenfiel, verzweigt sich hier und schickt die eine Abzweigung in das Kanalinnere hinein. Der andere Zweig fällt nach wie vor mit dem begrenzenden Radius

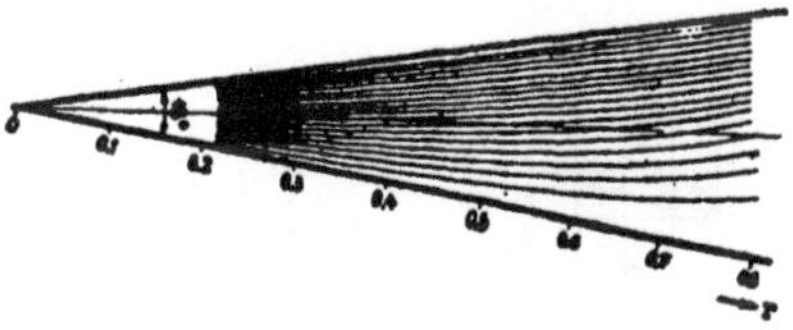

Fig. 41.

zusammen; zwischen beiden besteht eine reine Rotationsströmung. Fig. 42 und 43 zeigen den Geschwindigkeits- bzw. den Druckverlauf auf den begrenzenden Radien für $q = 1{,}223\ \omega$, Fig. 44 und 45 dasselbe für $q = 0{,}204\ \omega$. Die Druckkurven zeigen den Druckunterschied, der auf den beiden Kanalwänden herrscht; ihm entsprechen Kräfte auf die Schaufeln, durch deren Wirkung die angestrebte Energieübertragung der Turbinenräder entsteht.

11. Der nach außen unbegrenzte Sektor zeigt bereits Verhältnisse, die denen des Turbinenbaues nahekommen:

Die rotierenden Kanäle werden durch Schaufeln gebildet, die symmetrisch zur Drehachse angeordnet sind, und bei Hinzunahme der Radialströmung wird tatsächlich eine Förderung von Flüssigkeit auf ein höheres Energieniveau erreicht.

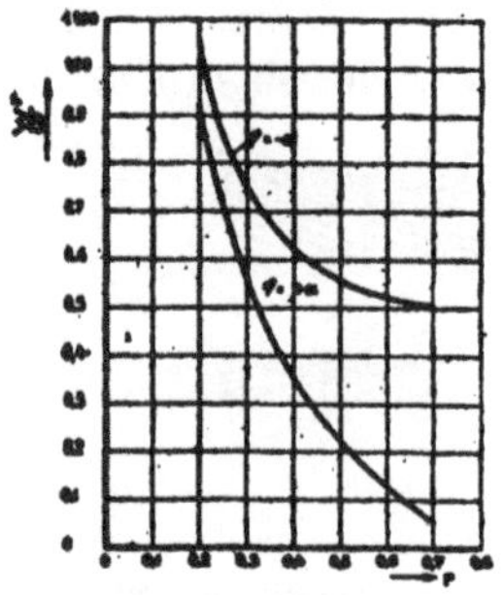

Fig. 42.

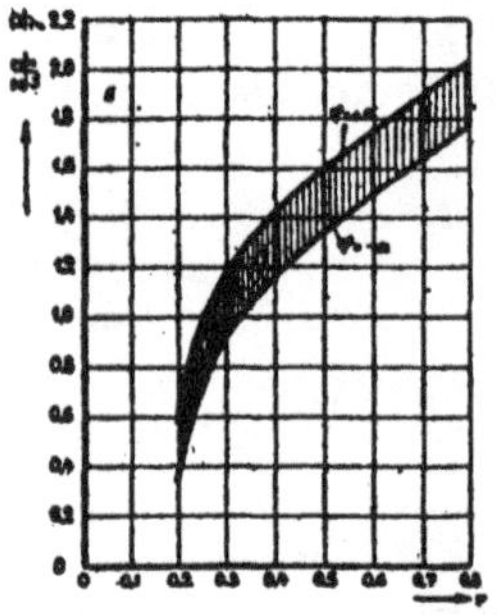

Fig. 43.

Der Anschluß an die praktischen Verhältnisse kann noch ohne außergewöhnliche Komplikation der Rechnung verbessert werden dadurch, daß der Sektor außen abgeschlossen wird. Der Abschluß erfolge durch einen Kreis vom Radius a.

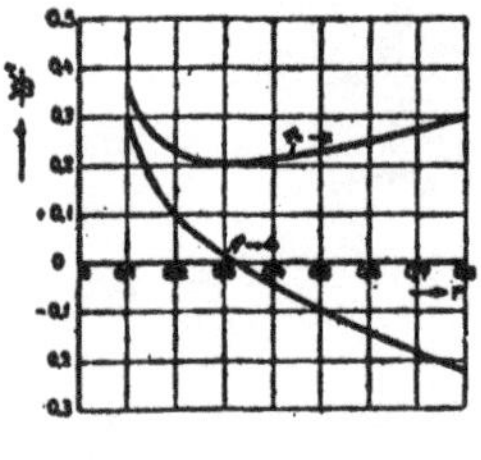

Fig. 44.

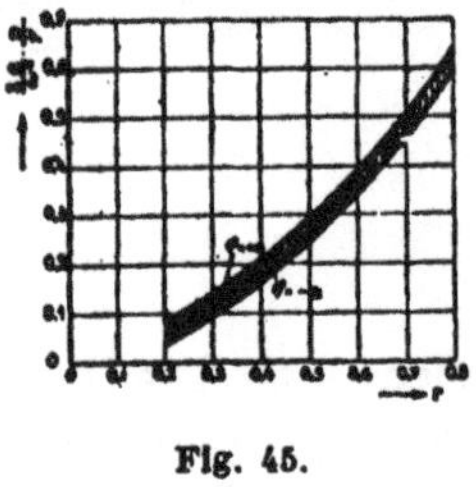

Fig. 45.

Fig. 46 zeigt den so entstehenden Kreissektor; die Bezeichnungen sind im übrigen dieselben wie im vorigen Abschnitt.

Für die Durchflußströmung wird die geradlinige wirbelfreie Radialströmung beibehalten; die Stromlinien für konstantes Intervall der Stromfunktion müssen also auf dem Kreis vom Radius a unter gleichen Abständen, gemessen auf diesem Kreis, ansetzen.

Die Rotationsströmung wird in dem inneren Teil des Sektors, nahe der Rotationsachse, der entsprechenden Strömung des vorigen Abschnittes ähnlich sein; nach außen hin wird sie vollständig abweichend verlaufen müssen, da jetzt auch der zweite Endquerschnitt des Kanals ins Endliche gerückt ist. Die Stromlinien werden jetzt für die Rotationsströmung vollkommen geschlossene Kurven; die äußerste Stromlinie besteht aus den begrenzenden Radien, $\varphi = \pm \alpha$, und dem zwischen ihnen liegenden Teil des Kreises vom Radius a.

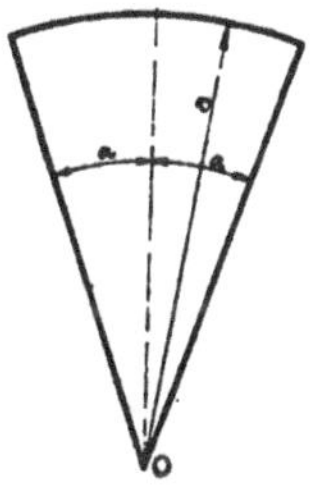

Fig. 46.

Zur rechnerischen Behandlung dieser Verhältnisse wird ebenfalls der Ansatz 30 des vorigen Abschnittes benutzt, der unter der Bedingung der Symmetrie und derjenigen, daß $\psi = 0$ für $r = 0$, auf den Ausdruck führte:

$$\psi = A \cdot r^m \cos m\varphi - \frac{1}{2} \omega r^2 \quad . \; . \; . \; . \; . \quad (41)$$

Hierin ist m eine zunächst beliebige positive Zahl und A eine je nach den vorgeschriebenen Bedingungen zu bestimmende Konstante. Bereits im vorigen Abschnitt war darauf hingewiesen, daß an Stelle des ersten Gliedes auf der rechten Seite eine beliebige Anzahl gleichgebauter Glieder treten kann, je nach den Verhältnissen, die durch die äußeren Bedingungen vorgeschrieben sind.

Für den unbegrenzten Sektor genügte ein einziges Glied mit $m = 2$ und $A = \frac{\omega}{2 \cos 2\alpha}$; dies führte auf die Lösung:

$$\psi = \frac{1}{2} \omega r^2 \left(\frac{\cos 2\varphi}{\cos 2\alpha} - 1 \right).$$

Für den außen abgeschlossenen Sektor tritt als weitere Bedingung noch hinzu, daß auf dem Kreis vom Radius a die Stromfunktion ψ ebenfalls den Wert Null haben soll:

$$\psi = 0 \text{ für } r = a \quad \ldots\ldots\ldots \quad (50)$$

Diese Forderung läßt sich nur durch eine unendliche Anzahl von Gliedern erfüllen, die jedoch alle die Form:

$$A\, r^m \cos m\,\varphi$$

besitzen müssen. Es wird also angesetzt:

$$\psi = \sum A\, r^m \cos m\,\varphi - \frac{1}{2}\,\omega\, r^2 \quad \ldots\ldots \quad (51)$$

Die Bedingung $\psi = 0$ für $\varphi = \pm\, a$ ergibt:

$$0 = \sum A\, r^m \cos m\,a - \frac{1}{2}\,\omega\, r^2 \quad \ldots\ldots \quad (52)$$

Diese Beziehung läßt sich nur so erfüllen, daß von der Reihe ein Glied mit $m = 2$ abgespalten wird, dessen $A = \frac{1}{2}\,\frac{\omega}{\cos 2\,a}$ gesetzt wird, und daß der übrige Teil der Reihe für sich auf den Begrenzungsradien Null ergibt.

Der neue Ansatz erscheint so als die Summe der Lösung für den unbegrenzten Sektor und einer Reihe, die für $\varphi = \pm\, a$ den Wert Null ergibt.

Es wird also:

$$\psi = \frac{1}{2}\,\omega\, r^2 \left(\frac{\cos 2\,\varphi}{\cos 2\,a} - 1\right) + \sum A\, r^m \cos m\,\varphi.$$

Die Reihe kann für den bestimmten Wert $\varphi = \pm\, a$ nur zu Null werden, wenn hier jedes Glied für sich Null wird; dies wird erreicht durch:

$$\cos m\,a = 0;$$

hieraus folgt:

$$m\,a = \frac{\pi}{2}\,(2\,n + 1)$$

und

$$m = (2\,n + 1)\,\frac{\pi}{2\,a} \quad \ldots\ldots\ldots \quad (53)$$

wobei n die gesamte Reihe der positiven ganzen Zahlen, von Null angefangen, durchlaufen kann.

Der hiermit sich ergebende Ausdruck:

$$\psi = \frac{1}{2}\,\omega r^2 \left(\frac{\cos 2\varphi}{\cos 2\alpha} - 1\right) + \sum_{n=0}^{n=\infty} A_{2n+1} \cdot r^{(2n+1)\frac{\pi}{2\alpha}} \cdot$$

$$\cdot \cos (2n+1) \frac{\pi\varphi}{2\alpha}$$

erfüllt nunmehr folgende Bedingungen:

$$\psi\,(+\varphi) = \psi\,(-\varphi)$$
$$\psi = 0 \text{ für } r = 0$$
$$\psi = 0 \text{ für } \varphi = \pm\alpha.$$

Es fehlt noch die Bedingung:

$$\psi = 0 \text{ für } r = a.$$

Zur Erfüllung hiervon muß offenbar sein:

$$\sum_{n=0}^{n=\infty} A_{2n+1} \cdot a^{(2n+1)\frac{\pi}{2\alpha}} \cdot \cos (2n+1) \frac{\pi\varphi}{2\alpha} =$$

$$= -\frac{1}{2}\,\omega a^2 \left(\frac{\cos 2\varphi}{\cos 2\alpha} - 1\right) \quad (54)$$

Damit die Reihe auf der linken Seite der Gleichung die Funktion $-\frac{1}{2}\,\omega a^2 \left(\frac{\cos 2\varphi}{\cos 2\alpha} - 1\right)$ ausdrückt, müssen ihre Koeffizienten geeignete Werte erhalten. Diese werden in folgender Weise bestimmt (das Verfahren ist ähnlich, wie das bei der Koeffizientenbestimmung der Fourierschen Reihen).

Zur Vereinfachung wird gesetzt:

$$\frac{\pi\varphi}{2\alpha} = x$$

daraus folgt:

$$2\varphi = \frac{4\alpha}{\pi}\,x \quad \ldots\ldots\ldots \quad (55)$$

Ferner sei:

$$A_{2n+1} \cdot \frac{a^{(2n+1)\frac{\pi}{2\alpha}}}{\frac{1}{2}\,\omega a^2} = b_{2n+1} \quad \ldots \quad (55a)$$

Hiermit wird aus (54):

$$\sum_{n=0}^{n=\infty} b_{2n+1} \cdot \cos (2n+1)\,x = -\frac{\cos \frac{4\alpha}{\pi}\,x}{\cos 2\alpha} + 1 \quad (56)$$

Zur Bestimmung des Koeffizienten b_{2n_0+1} des beliebig herausgegriffenen Gliedes für $n = n_0$ wird jetzt Gleichung (56) mit $\cos(2n_0 + 1)\, x \cdot dx$ multipliziert und dann in den Grenzen von $-\frac{\pi}{2}$ bis $+\frac{\pi}{2}$ integriert. Man erhält dadurch auf der linken Seite Glieder von der Form:

$$b_{2n+1} \cdot \int_{-\pi/2}^{+\pi/2} \cos(2n+1)\, x \cdot \cos(2n_0+1)\, x\, dx.$$

Hierin hat man n alle Werte der positiven ganzen Zahlen von Null an beizulegen; n_0 ist der von vornherein festgehaltene Wert.

Das Integral $\int_{-\pi/2}^{+\pi/2} \cos(2n+1)\, x \cdot \cos(2n_0+1)\, x\, dx$ läßt sich auswerten.

Es ist:

$$\cos(2n+1)\, x \cdot \cos(2n_0+1)\, x = \frac{1}{2} \cos(2n+2n_0+2)\, x$$
$$+ \frac{1}{2} \cos(2n-2n_0)\, x.$$

Also wird:

$$\int_{-\pi/2}^{+\pi/2} \cos(2n+1)\, x \cos(2n_0+1)\, x\, dx =$$
$$= \frac{1}{2}\left[\frac{\sin(2n+2n_0+2)\, x}{2n+2n_0+2} + \frac{\sin(2n-2n_0)\, x}{2n-2n_0}\right]_{-\pi/2}^{+\pi/2}$$
$$= \frac{\sin(n+n_0+1)\,\pi}{2n+2n_0+2} + \frac{\sin(n-n_0)\,\pi}{2n-2n_0}.$$

Der erste Ausdruck der rechten Seite ist für alle Werte von n gleich Null; in dem zweiten dagegen wird für $n = n_0$ auch der Nenner Null; der wahre Wert des Bruches für $n = n_0$ ergibt sich als Quotient der nach n genommenen Differentialquotienten von Zähler und Nummer zu:

$$\frac{\pi \cdot \cos(n-n_0)}{2} = \frac{\pi}{2} \quad \ldots\ldots\ldots \quad (57)$$

Also bleibt nach der Multiplikation mit $\cos(2n_0+1)$ $x \cdot dx$ und der Integration zwischen $-\frac{\pi}{2}$ und $+\frac{\pi}{2}$ auf der linken Seite von Gleichung (56) lediglich das Glied mit $n = n_0$ übrig, und es wird:

$$b_{2n_0+1} \cdot \frac{\pi}{2} = \int\limits_{-\pi/2}^{+\pi/2} \left(\frac{\cos \frac{4a}{\pi} x}{\cos 2a} - 1 \right) \cos (2n_0 + 1) x \cdot dx \quad (58)$$

Der Wert von b_{2n_0+1} ergibt sich also durch die Ausführung der Integration auf der rechten Seite von Gleichung (58).

Man erhält:

$$\int\limits_{-\pi/2}^{+\pi/2} \cos \frac{4a}{\pi} x \cdot \cos (2n_0 + 1) x \, dx =$$

$$= \frac{1}{2} \int\limits_{-\pi/2}^{+\pi/2} \cos \left(2n_0 + 1 + \frac{4a}{\pi} \right) x \, dx + \frac{1}{2} \int\limits_{-\pi/2}^{+\pi/2} \cos \left(2n_0 + 1 - \frac{4a}{\pi} \right) x \, dx$$

$$= \frac{\sin \left(n_0 \pi + \frac{\pi}{2} + 2a \right)}{2n_0 + 1 + \frac{4a}{\pi}} = \frac{\sin \left(n_0 \pi + \frac{\pi}{2} - 2a \right)}{2n_0 + 1 - \frac{4a}{\pi}}.$$

Nun ist:

$$\sin \left(n_0 \pi + \frac{\pi}{2} + 2a \right) = (-1)^{n_0} \sin \left(\frac{\pi}{2} + 2a \right) = (-1)^{n_0} \cos 2a,$$

und ebenso:

$$\sin \left(n_0 \pi + \frac{\pi}{2} - 2a \right) = (-1)^{n_0} \sin \left(\frac{\pi}{2} - 2a \right) = (-1)^{n_0} \cos 2a.$$

Also wird:

$$\int\limits_{-\pi/2}^{+\pi/2} \cos \frac{4a}{\pi} x \cos (2n_0 + 1) x \, dx =$$

$$= (-1)^{n_0} \cos 2a \left(\frac{1}{2n_0 + 1 + \frac{4a}{\pi}} + \frac{1}{2n_0 + 1 - \frac{4a}{\pi}} \right) \quad (60)$$

Ferner ist:

$$\int\limits_{-\pi/2}^{+\pi/2} \cos (2n_0 + 1) x \, dx = \frac{1}{2n_0 + 1} \Big[\sin (2n_0 + 1) x \Big]_{-\pi/2}^{+\pi/2} =$$

$$= \frac{2}{2n_0 + 1} \sin (2n_0 + 1) \frac{\pi}{2} = \frac{2}{2n_0 + 1} (-1)^{n_0} \quad (59)$$

Durch Einsetzen von (59) und (60) in (58) erhält man dann:

$$b_{2n_0+1} = (-1)^{n_0+1} \cdot 2 \left(\frac{1}{(2n_0+1)\pi + 4a} - \frac{2}{(2n_0+1)\pi} + \right.$$
$$\left. + \frac{1}{(2n_0+1)\pi - 4a} \right)$$

und

$$A_{2n_0+1} = \frac{\omega a^2}{a^{(2n_0+1)\frac{\pi}{2a}}} \cdot (-1)^{n_0+1} \cdot \left(\frac{1}{(2n_0+1)\pi + 4a} - \right.$$
$$\left. - \frac{2}{(2n_0+1)\pi} + \frac{1}{(2n_0+1)\pi - 4a} \right) \quad \ldots \quad (61)$$

Hiermit ist dann schließlich die gesuchte Lösung von ψ für den Kreissektor[1]):

$$\psi = \frac{1}{2}\omega r^2 \left(\frac{\cos 2\varphi}{\cos 2a} - 1 \right) + \omega a^2 \sum_{n=0}^{n=\infty} (-1)^{n+1} \left(\frac{1}{(2n+1)\pi + 4a} \right.$$
$$\left. - \frac{2}{(2n+1)\pi} + \frac{1}{(2n+1)\pi - 4a} \right) \cdot \left(\frac{r}{a} \right)^{(2n+1)\frac{\pi}{2a}}$$
$$\cdot \cos (2n+1) \frac{\pi\varphi}{2a} \quad \ldots \ldots \ldots \quad (62)$$

In der durchgeführten Rechnung ist zwar die Methode der Koeffizientenbestimmung für die Reihe dieselbe wie bei den Fourierschen Reihenentwicklungen; die Reihe selbst ist jedoch nicht die normale Fouriersche Reihe, durch die eine gegebene Funktion dargestellt wird. Die hier ermittelte Reihe enthält nämlich nur die ungeraden Vielfachen von $\frac{\pi\varphi}{2a} = x$, da die geraden Vielfachen nicht die Grenzbedingung $\psi = 0$ für $\varphi = \pm a$ erfüllen. Ferner ist hier $x = \frac{\pi\varphi}{2a}$ in dem Intervall $-\frac{\pi}{2}$ bis $+\frac{\pi}{2}$ gegeben und nicht, wie es für die normale Fouriersche Reihe notwendig wäre, in dem Intervall $-\pi$ bis $+\pi$. Aus diesem Grunde ist auch die gesamte Entwicklung hier durchgeführt worden, während sonst ein Hinweis auf die normalen Fourierschen Reihen genügt hätte.

---

[1]) Die Lösung findet sich in: Lamb, l. c. § 72, S. 105.

12. Um nach Gleichung (62) für bestimmte Werte von α und a die Stromlinien für ein konstantes Intervall von ψ zeichnen zu können, ist es am zweckmäßigsten, den Verlauf von ψ auf einer Anzahl von Radien, die unter gleichem Winkelabstand gezogen sind, zu berechnen, die entsprechenden Kurven für die betreffenden konstanten Winkel zu zeichnen, aus der so erhaltenen Kurvenschar Punkte für konstante Werte von ψ in den Sektor einzutragen und sie durch Kurvenzüge zu verbinden.

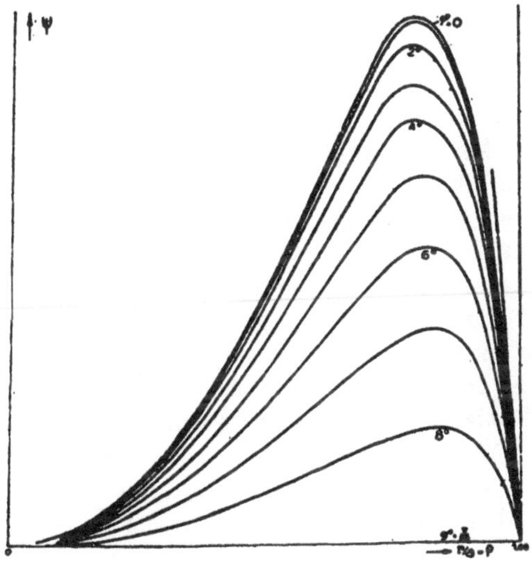

Fig. 47.

Fig. 47 zeigt ψ als Funktion des Radius bei konstanten Winkeln für

$$\frac{\pi}{2a} = 10; \; 2a = 18^0 \quad \ldots \ldots \ldots \quad (63)$$

entsprechend einer Gesamtzahl von 20 radialen Schaufeln, die auf der Kreisfläche gleichmäßig verteilt sind.

Es empfiehlt sich, α gleich der Längeneinheit zu wählen; r erhält dann nur Werte von 0 bis 1; um diesen Charakter einer Verhältniszahl deutlich hervortreten zu lassen, wird r

durch die Bezeichnung ϱ ersetzt; ferner ist $\omega = 1$ gesetzt; es wird damit:

$$\psi = \frac{1}{2}\varrho^2\left(\frac{\cos 2\varphi}{\cos 2\alpha} - 1\right) + \sum_{n=0}^{n=\infty}(-1)^{n+1}\left(\frac{1}{(2n_0+1)\pi + \frac{\pi}{5}} - \right.$$

$$\left. - \frac{2}{(2n_0+1)\cdot\pi} + \frac{1}{(2n+1)\pi - \frac{\pi}{5}}\right) \cdot \varrho^{10(2n+1)} \cdot$$

$$\cdot \cos 10(2n+1)\cdot\varphi \quad \ldots \ldots \ldots \quad (64)$$

Das durchweg gleiche Winkelintervall der Fig. 47 ist zu 1^0 angenommen; die Kurven gelten also für $\varphi = 0^0$, $\varphi = 1^0$, $\varphi = 2^0$ etc. bis $\varphi = 9^0$; für negative Werte von φ sind die Kurven, entsprechend der Form von ψ, dieselben wie für die entsprechenden positiven.

Zur Berechnung genügen wenige Glieder der Reihe. Für die technisch notwendige Genauigkeit reicht sogar bis etwa $\varrho = 0{,}9$ das erste Glied der Reihe aus; je mehr ϱ sich dem Wert 1 nähert, um so größer ist die notwendige Anzahl der Glieder. Auch auf dem Außenkreise ($\varrho = 1$) genügen drei Glieder der Reihe für die meisten im folgenden auftretenden Rechnungen. Es empfiehlt sich, die Gleichung (64) vor der Ausführung der Zahlenrechnung mit π zu multiplizieren; man erhält so:

$$\pi\psi = \frac{\pi}{2}\varrho^2\left(\frac{\cos 2\varphi}{\cos 2\alpha} - 1\right) + \sum_{n=0}^{n=\infty}(-1)^{n+1}\left(\frac{1}{2n+1{,}2}\right) -$$

$$- \frac{2}{2n+1} + \frac{1}{2n+0{,}8}\Bigg) \cdot \varrho^{10(2n+1)} \cos 10(2n+1)\varphi \quad (65)$$

Bei den hier gewählten Richtungen der positiven Winkelgeschwindigkeit und der Koordinaten wird ψ im Innern des Sektors durchweg positiv; den größten Wert nimmt es auf der Mittellinie des Sektors, auf $\varphi = 0$ an: dieser größte Wert ψ_0 und der zugehörige Wert von ϱ, der mit ϱ_0 bezeichnet werden mag, lassen sich leicht berechnen. Offenbar ist $\varrho < 0{,}9$; von der Reihe genügt also das erste Glied mit $n = 0$.

Es ist also hierfür:

$$\pi\psi = \frac{\pi}{2}\varrho^2\left(\frac{1}{\cos 18^0} - 1\right) - \left(\frac{1}{1{,}2} - 2 + \frac{1}{0{,}8}\right)\varrho^{10} \quad . \quad (66)$$

und
$$\pi \frac{d\psi}{d\varrho} = \pi\varrho\left(\frac{1}{\cos 18^0} - 1\right) - 10\left(\frac{1}{1,2} - 2 + \frac{1}{0,8}\right)\varrho^9.$$

Dies gleich Null gesetzt, ergibt:

$$\varrho_0 = \sqrt[8]{\frac{\pi\left(\frac{1}{\cos 18^0} - 1\right)}{10\left(\frac{1}{1,2} - 2 + \frac{1}{0,8}\right)}} = 0,814 \ldots . \quad (67)$$

hiermit wird:

$$\pi\,\psi_0 = 0,04291$$

und

$$\psi_0 = 0,0136 \ldots \ldots \ldots . \quad (68)$$

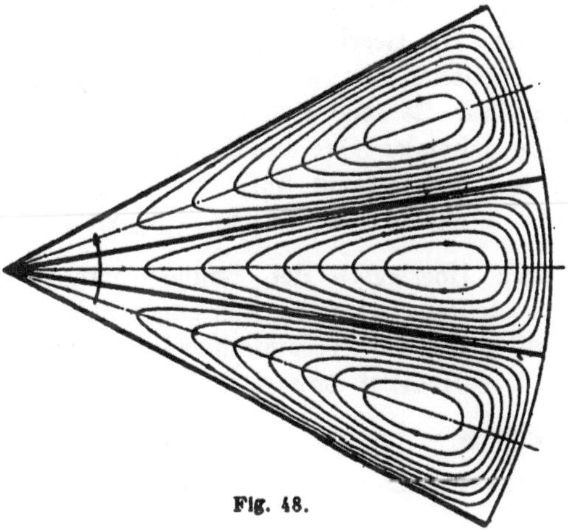

Fig. 48.

Das für ein Stromlinienbild zu wählende Intervall von ψ wird zu

$$\delta\psi = \frac{\psi_0}{8} = 0,0017 \ldots \ldots . \quad (69)$$

angenommen, hiermit ist die Fig. 48 gezeichnet, die also die Stromlinien der Rotation bei $\delta\psi = 0,0017$ und $\omega = 1$, $z = 20$ zeigt.

Die Figur ist ohne weiteres verständlich. Die Flüssigkeit kreist relativ zum Sektor in geschlossenen Bahnen, deren äußerste aus den zwei begrenzenden Radien und dem abschließenden Kreisbogen besteht; im Innern ziehen sie sich allmählich auf einen Punkt zusammen, auf denselben, für den $\psi = \psi_0$ und $\varrho = \varrho_0$ ist. Die Geschwindigkeit der Rotation ist hier Null. In den drei Ecken des Sektors ist die Geschwindigkeit ebenfalls Null; ihre größten Werte erreicht sie auf den begrenzenden Radien, wie man aus dem hier geringsten Abstand der Stromlinien sieht; auch in der Mitte des abschließenden Kreisbogens hat die Geschwindigkeit einen Höchstwert.

Die Fig. 48 kann auch als eine Darstellung der Beanspruchungsverhältnisse eines auf Verdrehung beanspruchten Zylinders gedeutet werden, dessen Querschnitt der betrachtete Kreissektor ist. Die Geschwindigkeiten sind dabei den Spannungen proportional, die also auf den Begrenzungsradien am größten sind. Es zeigt sich das bekannte Resultat, daß Zylinder von schmaler Querschnittsform ihre größte Beanspruchung auf Verdrehung auf den Langseiten erfahren. In den Ecken sind die Beanspruchungen, wie bekannt, Null.

13. Durch Überlagern der Radialströmung zu der in Fig. 48 dargestellten Rotationsströmung erhält man in nunmehr bekannter Weise die gesamte hier interessierende Sektorströmung. Die Radialströmung wird dargestellt durch die Stromfunktion $\psi = \frac{q}{2\pi} \cdot \varphi$; die vollständige Stromfunktion für die Relativströmung im rotierenden Sektor lautet also:

$$\psi = \frac{1}{2}\varrho^2\left(\frac{\cos 2\varphi}{\cos 2\alpha} - 1\right) + \sum_{n=0}^{n=\infty}(-1)^{n+1}\left(\frac{1}{(2n+1)\pi + 4\alpha} - \frac{2}{(2n+1)\pi} + \frac{1}{(2\pi+1)\pi - 4\alpha}\right)\varrho^{(2n+1)\frac{\pi}{2\alpha}} \cdot \cos(2n+1)\frac{\pi\varphi}{2\alpha} + \frac{q}{2\pi}\varphi \quad \ldots\ldots (70)$$

Hierbei ist $\omega = 1$; q ist die gesamte durch einen Zylinder von der Höhe der Längeneinheit strömende Durchflußmenge.

Auch hier ist vor allen Dingen der Geschwindigkeitsverlauf auf den beiden begrenzenden Radien wichtig.

Aus (70) ergibt sich:

$$w^r = \frac{1}{r}\,\frac{\partial\psi}{\partial\varphi}$$

$$= -\varrho\,\frac{\sin 2\varphi}{\cos 2\alpha} - \sum_{n=0}^{n=\infty}(-1)^{n+1}\cdot(2n+1)\frac{\pi}{2\alpha}\left(\frac{1}{(2n+1)\pi+4\alpha}\right.$$

$$\left.-\frac{2}{(2n+1)\pi}+\frac{1}{(2n+1)\pi-4\alpha}\right)\cdot\varrho^{(2n+1)\frac{\pi}{2\alpha}-1}$$

$$\cdot\sin(2n+1)\frac{\pi\varphi}{2\alpha}+\frac{q}{2\pi\varrho}\quad\ldots\ldots\quad(71)$$

Bei großen Werten von q überwiegt auch hier der Geschwindigkeitsanteil der Durchflußströmung, so daß auf beiden Radien nur positive Geschwindigkeiten auftreten; bei kleinen Werten von q entsteht durch die Rotationsströmung auf einer Strecke des einen Radius eine Umkehr der Geschwindigkeit. Bei einem bestimmten Zwischenwert q_0 wird auf dem einen begrenzenden Radius in der noch zu bestimmenden Entfernung ϱ_0 von der Drehachse gerade die Geschwindigkeit Null auftreten. ϱ_0 und q_0 sollen nunmehr berechnet werden.

Zu diesem Zweck wird aus Gleichung (71) das Produkt $w^r\cdot\varrho$ gebildet, nachdem $\varphi = +\alpha$ gesetzt ist. Bei größeren Werten von q ist $w^r\cdot\varrho$ durchweg positiv und stellt sich dar als Summe aus einem auf dem ganzen Radius konstanten Anteil, der von der Durchflußmenge herrührt und dieser proportional ist, und dem von der Rotation herrührenden, der längs des Radius in der durch Gleichung (71) gegebenen Weise variiert. Die Differenz aus beiden Anteilen wird bei einer Verkleinerung von q ebenfalls kleiner; sie wird Null, wenn $q = q_0$; der Wert Null der Differenz tritt dabei an derjenigen Stelle bei $\varrho = \varrho_0$ auf, in der der Anteil der Rotation sein Maximum hat. Dieser Wert ϱ_0 ergibt sich folgendermaßen:

Aus (71) folgt mit $\varphi = \alpha$:

$$w^r\cdot\varrho = -\varrho^2\,\mathrm{tg}\,2\alpha -$$

$$-\sum_{n=0}^{n=\infty}(-1)^{n+1}(2n+1)\frac{\pi}{2\alpha}\left(\frac{1}{(2n+1)\pi+4\alpha}-\frac{2}{(2n+1)\pi}\right.$$

$$\left.+\frac{1}{(2n+1)\pi-4\alpha}\right)\cdot\varrho^{(2n+1)\frac{\pi}{2\alpha}}\cdot\sin(2n+1)\frac{\pi}{2}+\frac{q}{2}\pi.$$

Da: $\sin (2n+1)\frac{\pi}{2} = (-1)^n$, so wird:

$$w^r \cdot \varrho = -\varrho^2 \operatorname{tg} 2\alpha + \sum_{n=0}^{n=\infty} (2n+1)\frac{\pi}{2\alpha}\left(\frac{1}{(2n+1)\pi+4\alpha} - \right.$$
$$\left. - \frac{2}{(2n+1)\pi} + \frac{1}{(2n+1)\pi-4\alpha}\right)\cdot \varrho^{(2n+1)\frac{\pi}{2\alpha}} + \frac{q}{2\pi} \quad (72)$$

Dies nach ϱ differenziert und Null gesetzt, ergibt nach Division mit ϱ:

$$2 \operatorname{tg} 2\alpha = \sum_{n=0}^{n=\infty} (2n+1)^2 \frac{\pi^2}{4\alpha^2}\left(\frac{1}{(2n+1)\pi+4\alpha} - \frac{2}{(2n+1)\pi}\right.$$
$$\left. + \frac{1}{(2n+1)\pi-4\alpha}\right)\cdot \varrho_0^{(2n+1)\frac{\pi}{2\alpha}-2}.$$

Hieraus läßt sich ϱ_0 mit jeder verlangten Genauigkeit ermitteln.

Für die hier vorliegenden Zwecke genügt, da ϱ_0 wesentlich kleiner als 1 ist, das erste Glied der Reihe mit $n = 0$, allerdings darf 2α nicht zu große Werte erhalten.

Unter dieser Einschränkung ergibt sich:

$$\varrho_0 = \left[\frac{1}{4\pi}\cdot \operatorname{tg} 2\alpha\,(\pi^2 - 16\alpha^2)\right]^{\frac{1}{\pi/2\alpha - 1}}$$

und mit

$$z = \frac{2\pi}{2\alpha}:$$

$$\varrho_0 = \left[\frac{z^2-16}{4z^2}\,\pi \operatorname{tg}\frac{2\pi}{z}\right]^{\frac{2}{z-4}} \quad . \; . \; . \; . \; . \; (73)$$

Durch Einsetzen dieses Wertes in Gleichung (72), in der ebenfalls nur ein Glied der Reihe beibehalten wird, erhält man für $w^r \cdot \varrho = 0$ den Wert von q_0; es wird:

$$q_0 = 2\pi \operatorname{tg}\frac{2\pi}{z}\left[\left(0{,}125 - \frac{2}{z^2}\right) 2\pi \operatorname{tg}\frac{2\pi}{z}\right]^{\frac{4}{z-4}} -$$
$$- \frac{32z}{z^2-16}\left[\left(0{,}125 - \frac{2}{z^2}\right) 2\pi \operatorname{tg}\frac{2\pi}{z}\right]^{\frac{z}{z-4}} \cdot \quad (74)$$

Fig. 49 zeigt q_0 als Funktion von z; der Verlauf von q_0 ist charakteristisch für den Einfluß der Schaufelzahl auf die im rotierenden Kanal auftretenden Ungleichmäßigkeiten in der Geschwindigkeit. Für kleinere Werte von z ist die Berechnung von q_0 mit einem Gliede der Reihe nicht mehr zulässig; die Rechnung wird dann sehr umständlich und ist deswegen nicht durchgeführt. Einen Anhalt für den Verlauf auch bei kleineren gibt Fig. 39, die für den unbegrenzten Sektor gilt.

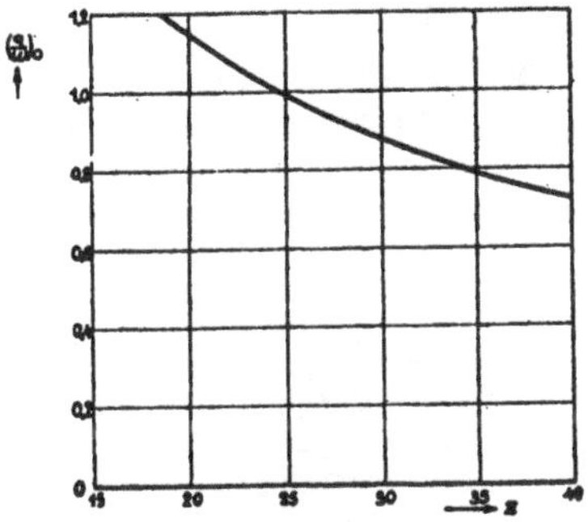

Fig. 49.

Die Winkelgeschwindigkeit ist hierbei zu 1 angenommen; beträgt sie ω, so ist q_0 im Verhältnis $\frac{1}{\omega}$ kleiner. In der Fig. 49 ist deswegen anstatt q_0 sofort $\left(\frac{q}{\omega}\right)_0$ geschrieben.

14. Für das Zahlenbeispiel mit $z = 20$ werden ähnlich wie beim nach außen unbegrenzten Sektor zwei Werte von q gewählt, von denen der eine größer, der andere kleiner als der kritische Wert q_0 ist. Dieser ist nach Fig. 49 für $z = 20$ gleich 1,15; dementsprechend wird angenommen:

1. $q = 2{,}45.$
2. $q = 0{,}544.$

Fig. 50 und 51 zeigen die Stromlinien für diese beiden Durchflußmengen; sie sind in der üblichen Weise durch Übereinanderlagern der Strömungen der Rotation und der Durchflußmenge gewonnen.

Beide Figuren zeigen deutlich die charakteristischen Eigenschaften der Strömung. Besonders auffällig ist das Anschwellen der Teilkanäle auf der einen, das Zusammendrängen der Stromlinien auf der andern Kanalseite.

In Fig. 51, bei dem kleineren Wert von q, tritt wieder der schon in Abschnitt 9 erwähnte Wirbel auf, in dessen Innern eine abgeschlossene Flüssigkeitsmenge in geschlossenen Bahnen kreist. Diese Erscheinung kommt hier vollkommen zum Ausdruck, da hier beide »Endquerschnitte« des Kanals mit gleichbleibender Geschwindigkeitsverteilung im Endlichen liegen und von der Rechnung erfaßt werden.

Die Lage der beiden Verzweigungspunkte der äußersten Stromlinie auf der Seite dieses Wirbels läßt sich ohne Schwie-

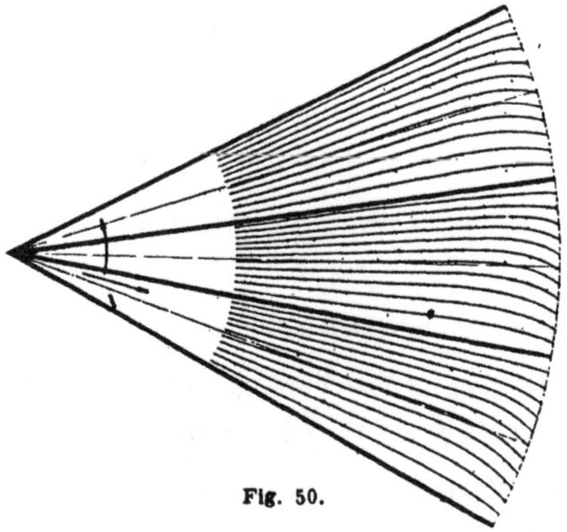

Fig. 50.

rigkeit berechnen; an den beiden Stellen ist nämlich $w^r = 0$; von der Wiedergabe dieser Rechnung kann hier abgesehen werden.

Die durch Fig. 51 dargestellte Strömung wird sich in einer Flüssigkeit mit Reibung nicht dauernd erhalten können; vielmehr ist anzunehmen, daß infolge der entlang der Schaufel auftretenden starken Verzögerungen durch die Reibung in der Grenzschicht andere Wirbel auftreten, die wahrscheinlich das ganze Strömungsbild stark verändern werden. Genaueres hierüber läßt sich zurzeit noch nicht sagen. Die hier dargestellten Strömungen stellen für die praktisch tatsächlich auftretenden Verhältnisse lediglich den Ausgangspunkt dar, von dem die dauernd verbleibende Strömung je nach der Beschaffenheit dieser Anfangsströmung mehr oder weniger abweichen wird. Der Wert der theoretischen Resultate bleibt dabei bestehen, da sie auf alle Fälle zahlenmäßige Anhaltspunkte dafür geben, wie stark die in jedem Einzelfall zu erwartenden Verhältnisse von den anzustrebenden von vornherein abweichen müssen.

In der Umgebung des geschlossenen Wirbels haben die Stromlinienfiguren Ähnlichkeit mit den in der Theorie der Prandtlschen Grenzschichten erhaltenen. Die Ähnlich-

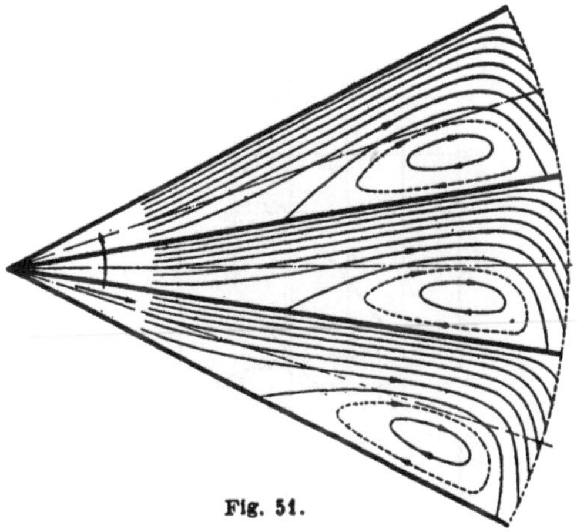

Fig. 51.

keit ist äußerlich; die Vorgänge haben nicht dieselben Gründe: in der Grenzschichtentheorie ist die Reibung die Veranlassung der Wirbelbildung; hier, bei den rotierenden Kanälen, tritt diese Wirbelbildung bei reibungsloser Flüssigkeit infolge der Rotation ein.

Durch den geschlossenen Wirbel wird ein Teil des Kanals vollkommen ausgefüllt; der für die hindurchströmende Flüssigkeit verbleibende Querschnitt ist stark verengt; die Stromlinien drängen sich hier dicht zusammen und müssen hinter der engsten Stelle wieder auseinanderfächern. Es ist klar, daß eine solche Strömung mit starken Verlusten verbunden sein muß.

[1]) S. hierzu die angeführte Literatur.

Auch bei den weniger extremen Verhältnissen der Fig. 50 zeigt sich die bereits in Abschnitt 7 festgestellte Tatsache, daß in einem rotierenden Rade mit radialen Schaufeln die Relativbahnen keine radialen Geraden sind, sondern gekrümmte Kurven, die lediglich in unmittelbarer Nähe der geradlinigen Schaufeln allmählich in die gerade Gestalt übergehen.

Für die Strömung der Fig. 50 sind in Fig. 52 die Drucke auf den beiden Kanalwänden dargestellt, die an Hand der Energiegleichung in der bereits mehrfach erläuterten Weise

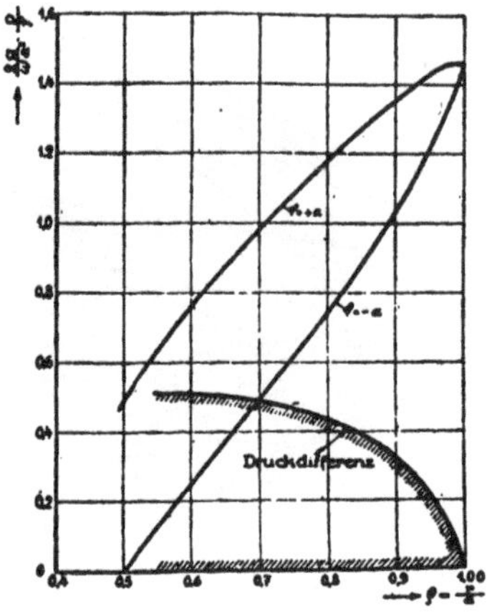

Fig. 52.

berechnet sind. Entsprechend den Geschwindigkeitsunterschieden auf den beiden Kanalwänden zeigen auch die Drucke an jeder Stelle einer Schaufel Unterschiede, die ebenfalls in die Fig. 52 eingetragen sind. Diese Druckdifferenzen haben eine resultierende Kraft auf jede Schaufel zur Folge; in ihnen zeigt sich unmittelbar der Vorgang der Energieübertragung.

15. Es soll nun noch die Größe der übertragenen Energie für die radiale Schaufel festgestellt werden. Es wäre naheliegend, zu diesem Zweck die Drucke auf den beiden Kanalwänden allgemein zu berechnen und die Gesamtdifferenz als Funktion der Schaufelzahl aufzutragen. Bedeutend einfacher kommt man jedoch auf folgendem Wege zum Ziel.

Bekanntlich läßt sich die von einem Schaufelrade übertragene Leistung auch schreiben:

$$L = \frac{q \cdot \gamma}{g} \cdot \omega \left[(c^u r)_2 - (c^u r)_1\right] \quad . \; . \; . \; . \; . \quad (75)$$

Hierin ist $(c^u r)_2$ das Geschwindigkeitsmoment der Absolutströmung am Austritt, $(c^u r)_1$ dasjenige am Eintritt des Rades; q, γ und g haben die bekannte Bedeutung. Gleichung (75), die das Haupthilfsmittel des praktischen Turbinenbaues ist, hat in dieser einfachen Form nur Gültigkeit, wenn die Geschwindigkeiten an den beiden betrachteten Stellen auf dem gesamten entsprechenden Parallelkreis gleich sind; sind sie das nicht, so ist Gleichung (75) zu ersetzen durch:

$$[L = \frac{\gamma}{g}\, \omega \cdot \int \left[(c^u r)_2 - (c^u r)_1\right] dq \quad . \; . \; . \; . \; . \quad (76)$$

worin das Integral über den gesamten Winkel 2π zu nehmen ist; die Werte des Geschwindigkeitsmomentes sind für jedes Element der Flüssigkeitsmenge zu bilden.

Es ist:

$$c^u = r\omega - w^u \quad . \; . \; . \; . \; . \; . \; . \; . \; . \; . \quad (77)$$

Bei durchweg radialer Strömung am Austritt wäre w^u auf dem Austrittskreise überall gleich Null; das Geschwindigkeitsmoment also gleich $a^2\, \omega$. Ein Blick auf Fig. 50 und 51 zeigt, daß dies durchaus nicht der Fall ist; auf dem inneren Teil ($\varphi < \alpha$) des begrenzenden Kreisbogens herrschen zum Teil ganz beträchtliche Umfangskomponenten der Relativgeschwindigkeiten; es ist anzunehmen, daß diese in ihrem Einfluß auf das gesamte Integral der Gleichung (76) bei veränderlicher Schaufelzahl ebenfalls stark variieren werden. Wegen der Veränderlichkeit von w^u und damit auch von c^u auf dem Austrittskreise muß offenbar die genauere Gleichung (77) benutzt werden. Nach den getroffenen Voraussetzungen über die Art der Durchflußströmung ist:

$$dq = \frac{q}{2\pi}\, d\varphi;$$

also:

$$L = \frac{q}{2\pi} \cdot \frac{\gamma}{g} \cdot \omega \int_0^{2\pi} \left[(c^u r)_2 - (c^u r)_1\right] d\varphi.$$

Anstatt dessen kann hier, da die Verhältnisse in jedem Kanal die gleichen sind, geschrieben werden:

$$L = q \cdot \frac{\gamma}{g} \cdot \omega \cdot \frac{1}{2a} \int_{-\alpha}^{+\alpha} [(c^u r)_2 - (c^u r)_1] \, d\varphi.$$

Das Eintrittsmoment ist hier gleich Null, da die von der Rotation herrührenden Geschwindigkeiten im Innern des Kanals Null sind und die radialen Geschwindigkeiten der Durchflußströmung keine Umfangskomponenten besitzen.

Es ist also:

$$L = \frac{q \cdot \gamma}{g} \cdot \omega \cdot \frac{1}{2a} \int_{-\alpha}^{+\alpha} (c^u r)_2 \, d\varphi \quad \ldots \ldots \quad (78)$$

Zur Darstellung der Energieübertragungsverhältnisse bei variabler Schaufelzahl dient zweckmäßig eine Verhältniszahl μ, die die tatsächlich übertragene Energie im Verhältnis zu derjenigen angibt, die bei vollkommener Radialströmung auf dem Austrittskreis übertragen werden würde.

Es ist also:

$$\mu = \frac{L}{q \frac{\gamma}{g} \cdot a^2 \omega^2} = \frac{\frac{1}{2a} \int_{-2\alpha}^{+2\alpha} (c^u r)_2 \, d\varphi}{a^2 \omega^2},$$

oder, da hier $a = 1$ und $\omega = 1$ gesetzt ist:

$$\mu = \frac{1}{2a} \int_{-2\alpha}^{+2\alpha} (c^u r)_2 \, d\varphi \quad \ldots \ldots \ldots \quad (79)$$

Dies ergibt unter Benutzung von (77):

$$\mu = \omega a^2 - \frac{1}{2a} \int_{-\alpha}^{+\alpha} w^u \cdot a \, d\varphi = 1 - \frac{1}{2a} \int_{-\alpha}^{+\alpha} w^u_{\varrho=1} \cdot d\varphi.$$

Nach Gleichung (23), Abschnitt 6, ist:

$$w^u = -\frac{\partial \psi}{\partial r};$$

hiermit wird schließlich:

$$\mu = 1 + \frac{1}{2\alpha}\int_{-\alpha}^{+\alpha}\left(\frac{\partial\psi}{\partial\varrho}\right)_{\varrho=1}\cdot d\varphi.$$

Bei der Ausrechnung von $\frac{\partial\psi}{\partial\varrho}$ aus der Beziehung (70) ergibt sich, wie vorauszusehen war, daß der Einfluß der Durchflußströmung auf das Geschwindigkeitsmoment wegfällt; dies gilt selbstverständlich nur für die hier behandelte radiale Schaufel. Für den von der Rotation herrührenden Teil erhält man:

$$\frac{\partial\psi}{\partial\varrho} = \varrho\left(\frac{\cos 2\varphi}{\cos 2\alpha} - 1\right) + \\ + \sum_{n=0}^{n=\infty}(-1)^{n+1}(2n+1)\frac{\pi}{2\alpha}\left(\frac{1}{(2n+1)\pi+4\alpha} - \frac{2}{(2n+1)\pi} \right. \\ \left. + \frac{1}{(2n+1)\pi-4\alpha}\right)\cdot\varrho^{(2n+1)\frac{\pi}{2\alpha}-1}\cdot\cos(2n+1)\frac{\pi\varphi}{2\alpha}.$$

Dies ergibt mit $\varrho = 1$:

$$\left(\frac{\partial\psi}{\partial\varrho}\right)_{\varrho=1} = \frac{\cos 2\varphi}{\cos 2\alpha} - 1 + \\ + \sum_{n=0}^{n=\infty}(-1)^{n+1}(2n+1)\frac{\pi}{2\alpha}\left(\frac{1}{(2n+1)\pi+4\alpha} - \right. \\ \left. - \frac{2}{(2n+1)\pi} + \frac{1}{(2n+1)\pi-4\alpha}\right)\cdot\cos(2n+1)\frac{\pi\varphi}{2\alpha}.$$

Die Integration nach φ ergibt:

$$\int\frac{\partial\psi}{\partial\varrho}\,d\varphi = \frac{1}{2}\,\frac{\sin 2\varphi}{\cos 2\alpha} - \varphi + \sum_{n=0}^{n=\infty}(-1)^{n+1}\left(\frac{1}{(2n+1)\pi+4\alpha} - \right. \\ \left. - \frac{2}{(2n+1)\pi} + \frac{1}{(2n+1)\pi-4\alpha}\right)\sin(2n+1)\frac{\pi\varphi}{2\alpha},$$

und dies in den Grenzen $-\alpha$ bis $+\alpha$ genommen:

$$\int_{-\alpha}^{+\alpha}\frac{\partial\psi}{\partial\varrho}\cdot d\varphi = \operatorname{tg} 2\alpha - 2\alpha - 2\sum_{n=0}^{n=\infty}\left(\frac{1}{(2n+1)\pi+4\alpha} - \right. \\ \left. - \frac{1}{(2n+1)\pi} + \frac{1}{(2n+1)\pi-4\alpha}\right).$$

Hiermit wird schließlich:

$$\mu = \frac{\operatorname{tg} 2a}{2a} - \frac{1}{a}\sum_{n=0}^{n=\infty}\left(\frac{1}{(2n+1)\pi + 4a} - \frac{1}{(2n+1)\pi} + \right.$$
$$\left. + \frac{1}{(2n+1)\pi - 4a}\right) \quad \ldots \ldots \quad (80)$$

Es empfiehlt sich, sofort an Stelle von a die Schaufelzahl $z = \frac{2\pi}{2a}$ einzuführen; mit

$$a = \frac{\pi}{z}$$

erhält man nach einfacher Umformung:

$$\mu = \frac{z}{2\pi}\operatorname{tg}\frac{2\pi}{z} - \frac{32}{\pi^2}\cdot\frac{1}{z}\cdot$$
$$\cdot\sum_{n=0}^{n=\infty}\frac{1}{\left(2n+1+\frac{4}{z}\right)(2n+1)\left(2n+1-\frac{4}{z}\right)} \quad \ldots \quad (81)$$

Hierbei sind gleichzeitig die Reihenglieder in eine Form gebracht, die für eine ziffermäßige Berechnung bequemer ist und dabei genauere Resultate gibt, da die Differenzbildung von annähernd gleichen Zahlen, wie sie bei der ursprünglichen Form der Glieder notwendig ist, vermieden wird.

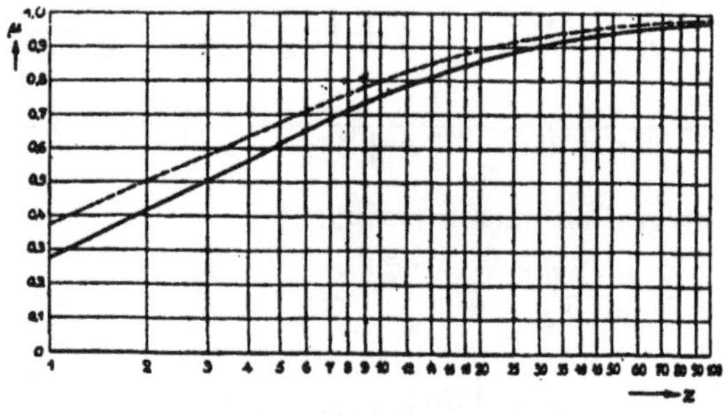

Fig. 53.

Diese Form der Koeffizienten der Reihe gilt auch für die Reihe von Gleichung (70) selber.

Fig. 53 zeigt μ in Abhängigkeit von $z \cdot z$ ist hier im logarithmischen Mäßstab aufgetragen; die Figur gibt den Einfluß von prozentualen Änderungen der Schaufelzahl.

Bei $z = 10$ beträgt also die von dem Rade mit radialen Schaufeln übertragene Leistung unter den angenommenen Verhältnissen nur 75% der nach dem »effektiven Austrittswinkel« berechneten.

Dieser Wert sinkt bei Verwendung nur einer Schaufel auf 27,6%; bei $z = 20$ beträgt er 85,6%. Noch bei 50 Schaufeln ist er nicht größer als 96%; dem Werte 100%, der bei $z = \infty$ erreicht wird, nähert sich die Kurve sehr langsam.

16. Der in den letzten Abschnitten ausführlich behandelte Fall des außen abgeschlossenen Sektors läßt sich praktisch nur sehr schwer vollkommen verwirklichen. Wie nämlich die Fig. 50 und 51 zeigen, münden die Stromlinien auf dem äußersten Kreise unter sehr verschiedenen Winkeln; es wäre also notwendig, daß zusammen mit dem radialen Schaufelstern ein Leitapparat rotierte, dessen Schaufeln in großer Anzahl auf dem Begrenzungskreis genau die Winkel aufweisen, die sich aus der genauen Berechnung ergeben. Diese Winkel sind für jeden Wert von z verschieden.

Im Innern des Kanals werden Abweichungen hiervon keinen großen Einfluß ausüben; hierfür können die entwickelten Gleichungen und Kurven ohne weiteres benutzt werden. Dagegen werden die Verhältnisse auf dem begrenzenden Kreisbogen und in seiner unmittelbaren Nähe durch Änderungen der Randbedingungen auf ihm direkt betroffen; besonders ist zu prüfen, wie weit der Betrag der von der Schaufel übertragenen Energie von einer solchen Veränderung berührt wird.

Für die Praxis ist vor allen Dingen der Fall wichtig, daß der Schaufelstern, dessen Schaufeln wie bisher auf dem Kreis mit dem Radius a endigen sollen, in der nach außen unbegrenzten Flüssigkeit rotiert. Es sind hierbei offenbar unendlich viele Strömungen möglich, da das Rad, z. B. als Turbine laufend, entweder »stoßfrei« oder auch mit beliebigem »Stoß« am Eintritt arbeiten kann. Hier soll der Fall der stoßfreien Strömung behandelt werden; dieser entspricht beim Arbeiten des Rades als Pumpe tangentiales Abströmen an dem Schaufelende. Am Schluß des vorigen Kapitels ist darauf hingewiesen, daß diese Strömung für die

Pumpe diejenige ist, die sich unter normalen Verhältnissen wahrscheinlich einstellen wird. Auch die bisher behandelten Sektorströmungen entsprechen dieser Voraussetzung; sowohl in Fig. 50 als auch in Fig. 51 haben die Stromlinien an den äußeren Enden der begrenzenden Radien radialen Verlauf.

Die exakte mathematische Behandlung des in der unendlichen Flüssigkeit rotierenden Schaufelsternes ist schwierig und erfordert einen mathematischen Apparat, der über den bisher hier benutzten hinausgeht. Es wird daher versucht, auf einfacherem Wege wenigstens ein Urteil darüber zu erhalten, wie sich die für den außen abgeschlossenen Sektor ermittelten Verhältnisse ändern, wenn diese Begrenzung wegfällt, die Schaufeln aber im Gegensatz zu dem in Abschnitt 10 und 11 behandelten Sektor wie bisher auf dem Kreis mit dem Radius a endigen.

Für einen Fall liegt allerdings die genaue Rechnung bereits vor. In Kapitel II ist die um einen Endpunkt rotierende Platte behandelt, die als Grenzfall des rotierenden Schaufelsternes mit der Schaufelzahl $z = 1$ bei $2\alpha = 2\pi$ aufgefaßt werden kann. Der Wert von μ hatte sich dabei für das tangentiale Abströmen zu 0,375 ergeben. Für den abgeschlossenen Sektor gibt Fig. 53 für $z = 1$ den Wert 0,276.

Die Abweichung ist erheblich; immerhin ist trotz der extremen Verhältnisse (eine rotierende radiale Schaufel) die Größenordnung beider Zahlen dieselbe. Ein weiterer Vergleich ergibt sich leicht an Hand der im vorigen Abschnitt behandelten Strömungen für $z = 2$.

Wenn nämlich die dort behandelte Platte anstatt um den Endpunkt um den Mittelpunkt rotiert, bildet sie offenbar einen Schaufelstern mit der Schaufelzahl $z = 2$. Die Stromfunktion der Absolutbewegung lautet für die um den Mittelpunkt rotierende Platte bei $\omega = 4$:

$$\psi_2 = e^{-2\xi} \cos 2\eta.$$

Hierzu tritt die zur Energieübertragung notwendige Zirkulation, deren Stromfunktion $k\xi$ lautet; für tangentiales Abströmen ist, wie man aus Abschnitt 12 des II. Kapitels nachprüfen kann:

$$k = 2,$$

damit wird für $z = 2$ bei Rotation in unendlicher Flüssigkeit

$$w \cdot c^w_{r=\infty} = 2\,\omega = 2 \cdot 4 = 8,$$

und

$$\mu = \frac{w \cdot c^w}{a^2\,\omega^2} = \frac{8}{1 \cdot 4^2} = \frac{8}{16} = 0{,}5.$$

Für den abgeschlossenen Sektor ist für $z = 2$:

$$\mu = 0{,}409.$$

Die Übereinstimmung mit dem Wert für die außen unbegrenzte Flüssigkeit ist bereits erheblich besser; die Differenz von 36%, um die bei $z = 1$ der Wert von μ für die Rotation in unbegrenzter Flüssigkeit größer ist als derjenige bei abgeschlossenem Sektor, ist zurückgegangen auf 22%, wobei zu berücksichtigen ist, daß auch für $z = 2$ die Strömungsverhältnisse noch sehr extrem sind.

Für $z = \infty$ ist in beiden Fällen $\mu = 1$; die Form der Kurve für $\mu = f(z)$ ist bei unendlicher Flüssigkeit derjenigen beim abgeschlossenen Sektor als ähnlich vorauszusetzen; es kann also nach der genau gerechneten Kurve für μ beim abgeschlossenen Sektor und bei Benutzung der drei Punkte für $z = 1$; $z = 2$ und $z = \infty$ eine für praktische Bedürfnisse genügende Kurve für μ extrapoliert werden, die bei der Rotation eines Schaufelsterns von endlicher Schaufellänge in der unbegrenzten Flüssigkeit gilt.

Fig. 53 zeigt auch diese Kurve; sie ist strichpunktiert über die des Sektors eingetragen.

Die Lage der beiden Kurven zueinander läßt darauf schließen, daß ganz allgemein die Leistungsaufnahme eines Pumpenrades bei kleinem Schaufelspalt am Austritt kleiner ist als bei großem Schaufelspalt. Entsprechend sind bei einer Turbine die Winkel am Austritt des Leitapparates für stoßfreien Eintritt bei kleinem Schaufelspalt für eine kleinere Leistung zu bemessen als bei großem Schaufelspalt (bei derselben Wassermenge).

17. Die so ermittelten Werte von μ für den in der unbegrenzten Flüssigkeit rotierenden Schaufelstern ermöglichen auch eine annähernde Ermittlung der Stromlinien für die zugehörige Relativströmung. Dabei handelt es sich vor allem

um die Stromlinien der reinen Rotationsströmung, da die Durchflußströmung mit radialen Geraden als Stromlinien dieselbe ist wie vorher.

In einiger Entfernung von den Schaufelenden werden die Stromlinien der Rotation in Kreise übergehen. Die Stromfunktion für die Kreisströmung ist in Abschnitt 8 abgeleitet und lautet:

$$\psi = -\frac{1}{2}\omega r^2 + A \ln r + B \quad . \; . \; . \; . \; . \; . \quad (28)$$

Die Rechnung werde sofort für das Zahlenbeispiel mit $z = 20$, $\omega = 1$ und $r = \varrho$ durchgeführt.

Es wird hiermit für die Kreisströmung:

$$\psi = -\frac{1}{2}\varrho^2 + A \ln \varrho + B \quad . \; . \; . \; . \; . \; . \quad (82)$$

Hieraus ergibt sich:

$$w^u = -\frac{\partial \psi}{\partial \varrho} = \varrho - \frac{A}{\varrho}$$

und

$$c^u r = \varrho^2 - \varrho^2 + = A.$$

Nun ist:

$$\mu = \frac{(c^u r)_m}{a^2 \omega^2} = (c^u r)_m,$$

wobei $(c^u r)_m$ den Mittelwert von $c^u r$ auf dem Austrittskreis bezeichnet.

Also wird:

$$A = \mu \quad . \; . \; . \; . \; . \; . \; . \; . \; . \; . \; . \quad (83)$$

Es ist nun noch die Konstante B der Gleichung (82) zu bestimmen. Zu diesem Zweck werde zunächst angenommen, die Kreisströmung mit $A = \mu$ wäre künstlich um den auf $\varrho = 1$ abgeschlossenen rotierenden Schaufelstern herum hergestellt. Vorher war dem abschließenden Kreisbogen der Wert $\psi = 0$ zugeordnet; dementsprechend werde jetzt B so bestimmt, daß auch der Wert von ψ nach Gleichung (82) auf $\varrho = 1$ zu Null wird; dies ergibt:

$$0 = -\frac{1}{2} + B.$$

und

$$B = \frac{1}{2} \quad . \; . \; . \; . \; . \; . \; . \; . \; . \; . \; . \; . \quad (84)$$

Wird nunmehr die Begrenzung auf $\varrho = 1$ aufgehoben, so kann die Strömung im Innern des Sektors nicht bestehen bleiben; auch die Kreisströmung in unmittelbarer Nähe der Schaufelenden wird verändert, da sich die bei Vorhandensein der Abgrenzung auf ihr bestehenden Unstetigkeiten in Druck und Geschwindigkeit ausgleichen müssen. Dabei vergrößert sich der Wert des mittleren Geschwindigkeitsmomentes am Austritt auf den neuen Betrag von μ. In größerer Entfernung von den Schaufelenden bleibt aber die Kreisströmung, für die die Konstante $A = \mu$ bereits richtig gewählt war, offenbar unverändert; ihre Stromfunktion behält hier also den gleichen Wert, wie er zunächst versuchsweise angenommen war. Es bleibt also

$$B = \frac{1}{2}.$$

Damit wird für die Kreisströmung in größerer Entfernung von dem Schaufelstern:

$$\psi = \mu \cdot \ln \varrho - \frac{1}{2} (\varrho^2 - 1).$$

Für $z = 20$ ist $\mu = 0{,}856$; also:

$$\psi = 0{,}856 \ln \varrho - \frac{1}{2} (\varrho^2 - 1) \quad \ldots \ldots \quad (85)$$

Der Verlauf dieses ψ ist für alle Werte von φ derselbe. Wird die durch Gleichung (85) dargestellte Kurve daher in die Fig. 47 eingetragen, so stellt sie für größere Werte von ϱ die Verlängerung dar, in die nach Wegfallen des abschließenden Kreises, sämtliche Kurven für ψ, die im Innern des Sektors annähernd den gleichen Verlauf haben werden, wie beim abgeschlossenen Sektor, übergeführt werden müssen, und zwar mit allmählichem, tangentialem Übergang. Die Kurve für die radialen Schaufeln selbst fällt wie vorher bis $\varrho = 1$ mit der Abszissenachse zusammen; von hier ab geht sie mit tangentialem Übergang unter Null und schmiegt sich in einiger Entfernung an die ψ-Kurve der Kreisströmung an.

Fig. 54 zeigt die so erhaltene Kurvenschar für die Stromfunktion des in der unendlichen Flüssigkeit rotierenden Schaufelsternes.

Die Kurve $\varphi = 0$ für den abgeschlossenen Sektor ist zum Vergleich gestrichelt eingetragen, ebenso ist die Kurve der Kreisströmung bis zur Abszissenachse gestrichelt verlängert. Ungefähr bei $\varrho = 1{,}16$ vereinigen sich sämtliche Kurven mit der der Kreisströmung, nachdem sie auch vorher schon nur wenig voneinander abgewichen haben. Die durch die

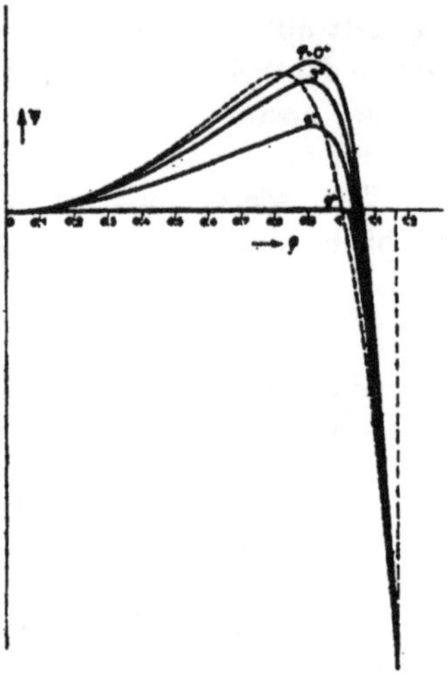

Fig. 54.

Schaufeln hervorgerufenen Ungleichmäßigkeiten in Druck und Geschwindigkeit sind also außerhalb des Kreises mit etwa $\varrho = 1{,}16$ unmerklich.

Das Maximum von ψ ist gegenüber der Strömung im abgeschlossenen Sektor nach der Seite größerer ϱ gerückt und hat einen größeren Wert erhalten. Diese Abänderungen ergeben sich von selbst beim Zeichnen der Figur; ihre Größe ist geschätzt, doch kann der tatsächliche Verlauf der Kurven, wie man beim Zeichnen der Figur ersieht, nicht viel von dem geschätzten abweichen.

Aus der Fig. 54 sind dann in bekannter Weise die Stromlinien der Fig. 55 gezeichnet. Die Genauigkeit des so erhaltenen Bildes läßt sich noch prinzipiell beliebig verbessern durch die

Anwendung eines passenden graphisch numerischen Verfahrens. Für die hier vorliegenden Bedürfnisse und für die der praktischen Technik überhaupt genügt jedoch die Genauigkeit des in der beschriebenen Weise erhaltenen Bildes, obgleich es vom strengen mathematischen Standpunkt nur den Charakter einer Schätzung hat.

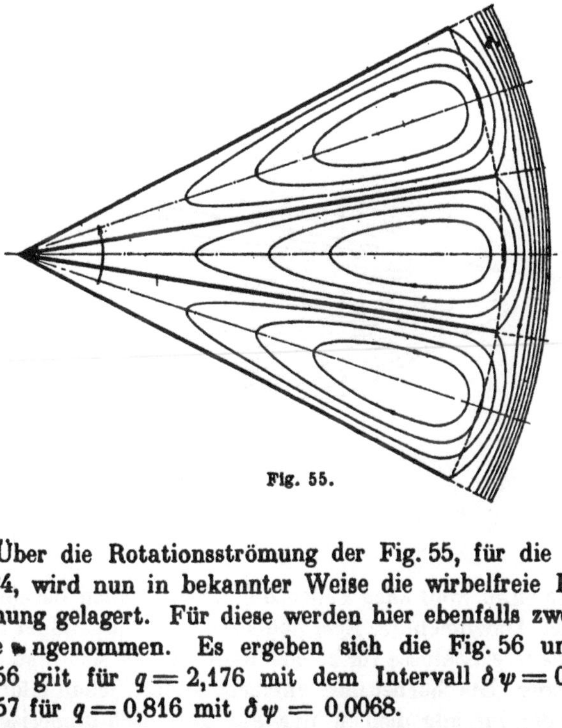

Fig. 55.

Über die Rotationsströmung der Fig. 55, für die $\delta\psi = 0{,}0034$, wird nun in bekannter Weise die wirbelfreie Radialströmung gelagert. Für diese werden hier ebenfalls zwei Beispiele angenommen. Es ergeben sich die Fig. 56 und 57; Fig. 56 gilt für $q = 2{,}176$ mit dem Intervall $\delta\psi = 0{,}0136$; Fig. 57 für $q = 0{,}816$ mit $\delta\psi = 0{,}0068$.

Diese Figuren zeigen, wohl zum erstenmal, den Übergang der Strömung aus einem rotierenden Rad mit endlicher Schaufelzahl in ein schaufelfreies Gebiet[1]). Die hierfür charakterristischen Verhältnisse, vor allen Dingen das allmähliche

[1]) Ähnliche Aufgaben für stillstehende Schaufeln hat Blasius gelöst: Stromfunktionen f. d. Strömung durch Turbinenschaufeln, Zeitschrift für Mathematik und Physik, 1912.

Abklingen der im Innern des Kanals herrschenden Ungleichmäßigkeiten der Geschwindigkeit und des Druckes, treten in großer Deutlichkeit hervor, da die radialen Schaufeln diesem Übergang in keiner Weise entgegenkommen. Bei den praktisch ausgeführten Schaufelformen ist die Entfernung, in welcher merkliche Unterschiede in den Geschwindigkeitsrichtungen nicht mehr auftreten, geringer als die Fig. 56 und 57 zeigen,

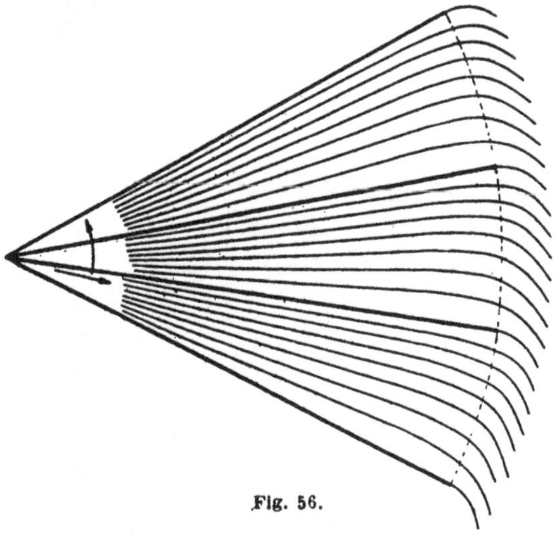

Fig. 56.

da bei ihnen in wohl allen Fällen die Schaufelenden für ein allmähliches Abnehmen der Energieübertragung ausgebildet sind.

Genauere Schlüsse für solche Räder lassen sich erst nach eingehender Durcharbeitung entsprechender Schaufelformen ziehen, die im allgemeinen nur auf graphisch-numerischem Wege möglich ist. Die Grundlagen des Vorgehens bleiben dabei die gleichen, wie sie oben angegeben sind; nämlich: getrennte Ermittlung der Rotations- und der Durchflußströmung; dies bietet vor allem den Vorteil, daß die Strömungen für verschiedene Werte von q/ω nach Konstruktion zweier Stromlinienbilder in einfacher Weise gewonnen werden können.

18. Im Anschluß hieran werde nochmals auf die im zweiten Kapitel ausführlich behandelte geradlinige Platte, die um einen Endpunkt rotiert, eingegangen. Wie schon erwähnt, läßt sie sich als Schaufelstern mit der Schaufelzahl $z = 1$ auffassen; sie liefert daher einen Fall für den in unendlicher Flüssigkeit rotierenden Schaufelstern, der sich verhältnismäßig einfach berechnen läßt. Um aus den in Kapitel II ent-

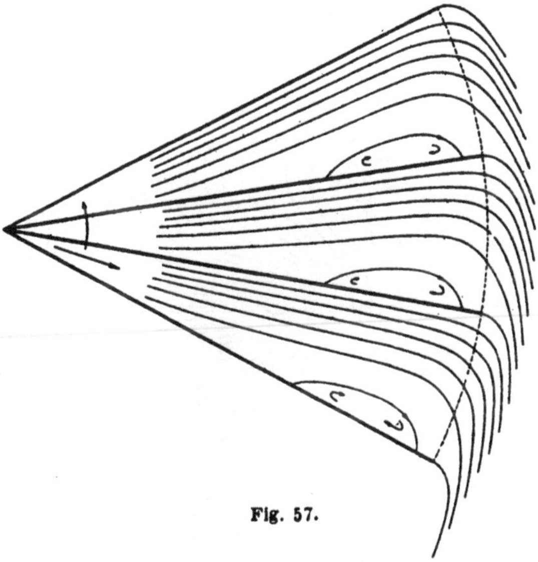

Fig. 57.

haltenen Stromlinienbildern diejenigen für die stationäre Relativströmung zu erhalten, ist es nur notwendig, die Kreisströmung $\psi = -\frac{1}{2}\varrho^2$ darüber zu lagern. Dies wird für die Fig. 15, die die Stromlinien der durch die Rotation hervorgerufenen Absolutströmung kombiniert mit denjenigen der Zirkulation bei tangentialem Abströmen zeigt, durchgeführt und ergibt das Stromlinienbild der Fig. 58. Diese Figur dient bis zum gewissen Grade als nachträgliche Kontrolle für die Fig. 55; sie zeigt, besonders an dem äußeren Schaufelende, die prinzipielle Richtigkeit der Überlegungen, die zur Konstruktion der Stromlinienbilder 55 bis 57 führte. Daß die Verhältnisse in der Nähe des Drehpunktes bei $z = 1$ vollkommen anders sind als bei $z = 20$, kann weiter nicht wundernehmen; denkt man sich den Winkel 2α allmählich auf 2π vergrößert, so erkennt man die Verwandtschaft der Fig. 58 und 55 auch in der Gegend des Zentrums.

Fig. 58 zeigt die Stromlinien der Rotation allein; eine darübergelagerte Durchflußströmung mit $q = 19{,}2$ ergibt die Fig. 59. In beiden Figuren ist $\delta\psi = 0{,}4$; der Wert von q

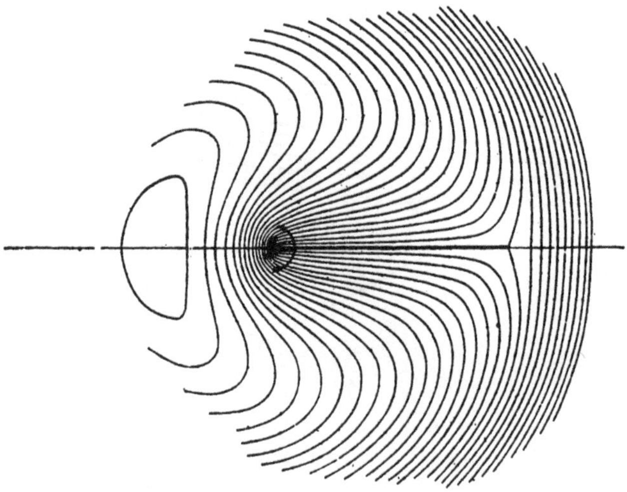

Fig. 58.

ist verhältnismäßig klein gewählt; Fig. 59 zeigt daher die charakteristischen Eigenschaften der Rotationsströmung besonders deutlich: auf der Druckseite der Schaufel bildet sich eine förmliche Stagnation der Flüssigkeit aus; auf der Saugseite sind die Geschwindigkeiten um so größer. Die Werte $q = 19{,}2$ und $\delta\psi = 0{,}4$ gelten für $\omega = 4$, entsprechend den Werten des Kapitels II; wird $\omega = 1$ angenommen, so ist $\delta\psi = 0{,}1$ und $q = 4{,}8$.

19. Die Untersuchungen über Strömungen in rotierenden Kanälen mögen hiermit abgeschlossen werden. Sie sind in

keiner Beziehung als vollständig und erschöpfend anzusehen. Von den unzähligen noch ungelösten Aufgaben seien nur genannt die schon erwähnte Behandlung von gekrümmten Kanälen mit endlicher Ausdehnung, ferner die Ausdehnung der Rechnung auf dreidimensionale Probleme, bei denen also nicht mehr wie bisher ein ebener Verlauf der beiden Radböden angenommen ist. Von größter Wichtigkeit ist ferner die Beantwortung der Frage, wie weit die in Wirklichkeit sich einstellenden Strömungen von den für eine reibungsfreie

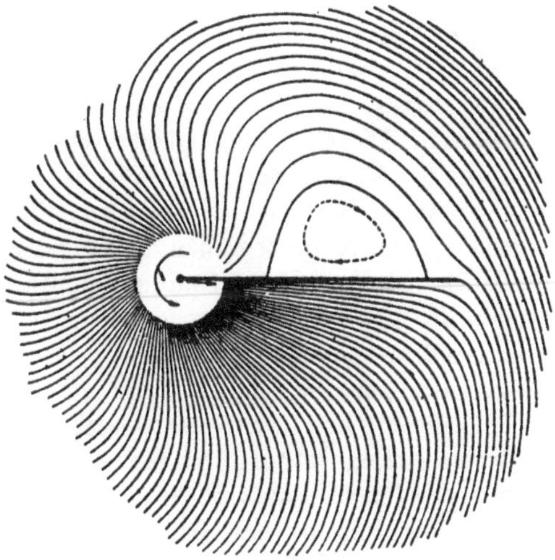

Fig. 59.

Flüssigkeit ermittelten abweichen, besonders in den extremen Fällen, in denen infolge kleiner Werte von q/ω im Verhältnis zur Schaufelzahl an der einen Kanalwand die geschlossenen Wirbelkörper auftreten. Über diese Fragen kann nur Klarheit verschafft werden durch weitere sorgfältige rechnerische Behandlung, wenn nötig unter Verwendung größerer mathematischer Hilfsmittel, und durch planmäßig vorgenommene experimentelle Einzeluntersuchungen, die für die speziellen Strömungsfragen der Turbinentheorie bisher verhältnismäßig spärlich vorliegen.

Immerhin geben jedoch die vorstehenden Abschnitte die grundlegenden Anschauungen für die in rotierenden Kanälen auftretenden Strömungsformen, sie arbeiten gewissermaßen an einfacheren Beispielen den Typus in seinen Grundzügen heraus, der dann in allen, auch den kompliziertesten Fällen wiederkehren muß, wenn auch bereichert und mehr oder weniger stark verändert durch eine Anzahl Eigenschaften, die den speziellen Fällen eigentümlich sind.

Als typische Eigenschaften lassen sich zusammenfassend folgende angeben:

Die stationäre Relativströmung in rotierenden Kanälen ist nicht wirbelfrei, sondern hat einen konstanten Wirbel vom negativen Betrag der Winkelgeschwindigkeit, mit der die Kanäle rotieren. Die Geschwindigkeitsverteilung in ihnen und die Form und der Verlauf der Stromlinien ist bei gegebener Durchflußmenge und Winkelgeschwindigkeit lediglich abhängig von der Form der Kanalbegrenzungen und der Geschwindigkeitsverteilung auf den beiden Endquerschnitten, dagegen unabhängig von der Lage des Kanals in bezug auf den Drehpunkt (bei zweidimensionalen Kanälen). Dagegen wird die Druckverteilung auch durch die Lage des Drehpunktes wesentlich beeinflußt; bei gegebener Geschwindigkeitsverteilung und Drehpunktlage ist sie durch die relative Strömungsenergie gegeben, die für die ganze Flüssigkeitsmenge konstant anzunehmen ist: die Summe aus Druck- und relativer Geschwindigkeitsenergie ist auf jedem Parallelkreis konstant; die Konstanten zweier Parallelkreise unterscheiden sich dabei um den Unterschied der aus den beiden »Umfangsgeschwindigkeiten« gebildeten Geschwindigkeitshöhen.

Die Eigenschaften des Stromlinienbildes sind am einfachsten zu übersehen, wenn es in zwei Anteile zerlegt wird. Den einen Anteil liefert die wirbelfrei angenommene Durchflußströmung, durch die die auf den Kanalbegrenzungen vorgeschriebene Geschwindigkeitsverteilung erfüllt wird; der zweite Anteil rührt dann lediglich von der Rotation des Kanals her, der hierzu an seinen Endquerschnitten abgeschlossen gedacht werden kann.

Durch das Zusammenwirken der Einflüsse von Durchflußströmung und Rotationsströmung entsteht die vollständige Strömung.

Diese unterscheidet sich auch bei überwiegendem Einfluß der Durchflußströmung wesentlich von der für den gleichen Kanal im Stillstand auftretenden wirbelfreien Strömung: die für gleiches Intervall der Stromfunktion gezogenen Stromlinien bilden mit ihren Orthogonaltrajektorien nicht mehr durchweg ähnliche Kurvenrechtecke, sondern die Form dieser Rechtecke verändert sich stetig von Stromlinie zu Stromlinie. Bei überwiegendem Einfluß der Rotation ist das Strömungsbild vollkommen gegenüber dem wirbelfreien des stillstehenden Kanals verändert; auf der einen Kanalwand tritt eine Strecke weit eine vollkommene Umkehr der Strömungsrichtung auf, verbunden mit der Ausbildung eines nach außen abgeschlossenen Bereiches, in dem stets die gleiche Flüssigkeit in geschlossenen Bahnen relativ zum rotierenden Kanal kreist. In allen Fällen entstehen durch die Wirkung der Rotation auf den beiden Seiten einer Schaufel Unterschiede der Geschwindigkeit und des Druckes, die sich über die entsprechenden Differenzen, die auch in der wirbelfreien Durchflußströmung infolge der Kanalkrümmung entstehen, lagern und diese bei nicht zu starker Krümmung wesentlich an Stärke übertreffen. Die Druckunterschiede ergeben auf die Schaufeln resultierende Kräfte und Drehmomente, durch deren Wirkung zusammen mit der Bewegung der Schaufeln die positive oder negative Energieübertragung zustandekommt.

IV. Analogie mit der gespannten Membran.

Von Prandtl stammt eine anschauliche Analogie für die Behandlung des Torsionsproblems zylindrischer Stäbe[1]). Das Verhalten solcher Stäbe, insbesonders die Art ihrer Beanspruchung, die Größe des übertragenen Drehmomentes etc., läßt sich darstellen durch eine über den betreffenden Querschnitt mit gleichmäßiger Spannung gespannte elastische Membran, die durch einen Überdruck so deformiert wird, daß sich ihre Spannung nur wenig ändert. Diese Analogie beruht darauf, daß die Differentialgleichung des Torsionsproblems zylindrischer Stäbe die gleiche Form hat wie die der gespannten Membran.

Ist nämlich T die Spannung der Membran, p der deformierende Druck und f die von der anfänglichen Gestalt ausgemessene, als klein angenommene Durchbieguug, so gilt für f die Gleichung:

$$\frac{\partial^2 f}{\partial x^2} + \frac{\partial^2 f}{\partial y^2} = \frac{p}{T} \quad \ldots \ldots \ldots \quad (1)$$

Diese Gleichung stimmt genau mit der Gleichung (14) des Kapitels II überein, wenn ψ an Stelle von f und $-2\,\omega$ an Stelle von p tritt.

Das heißt: die erwähnte Analogie für das Torsionsproblem ist auch für die Strömungslehre brauchbar: die Strömung in einem beliebig geformten zweidimensionalen Kanal läßt sich veranschaulichen durch die Gestalt einer Membran, die über die Kanalbegrenzung gespannt ist und in entsprechender

---

[1]) S. z. B. Föppl, Technische Mechanik, Band V, S. 173 und Love, Lehrbuch der Elastizität, S. 371 u. 372.

Weise deformiert wird; dabei entsprechen die Durchbiegungen f der Membran den Werten der Stromfunktion ψ, d. h. der Flüssigkeitsmenge, die Neigungen der Fläche den Geschwindigkeiten in einer um 90° gedrehten Richtung, der konstante, die Membrane aufblasende Druck einem konstanten Flüssigkeitswirbel. Legt man durch die deformierte Membran Schnitte parallel zur Bezugsebene, so erhält man in der Ansicht senkrecht zu dieser Ebene eine Schar von Kurven konstanter Deformation; wie aus dem Vorstehenden ohne weiteres hervorgeht, ist diese Kurvenschar direkt das Stromlinienbild für das betreffende Problem.

Der wirbelfreien Strömung entspricht $\omega = 0$, d. h. $p = 0$. Eine Deformation ohne Druck ist für die Membran nur möglich. wenn die Berandung selbst verbogen wird, wenn also zwischen einzelnen Teilen der Wandung, hydraulisch betrachtet, Unterschiede im Werte der Stromfunktion bestehen.

Einige Beispiele werden dies deutlich machen.

Spannt man eine Membran zwischen zwei in derselben Horizontalebene liegende parallele Stäbe und hebt den einen senkrecht zur Horizontalen um einen gewissen Betrag, so wird die anfänglich horizontalliegende Membran in eine schräge, zwischen den Stäben verlaufende Ebene übergehen, die von weiteren Horizontalebenen von gleichem Abstand in Geraden geschnitten wird; diese den Stäben parallel laufenden Geraden sind, hydraulisch gedeutet, die Stromlinien einer wirbelfreien Parallelströmung, wobei die Anfangslagen der Stäbe den Kanalbegrenzungen entsprechen; der Abstand des gehobenen Stabes von der anfänglichen Horizontalebene ist proportional der durch den Kanal strömenden Flüssigkeitsmenge.

Läßt man die beiden Stäbe einen gewissen Winkel miteinander bilden (bei konstantem T) und entfernt sie dann ähnlich wie im ersten Beispiel voneinander, so geht die anfänglich ebene Membran in eine Schraubenfläche über, die von zur Anfangslage parallelen, in konstanten Abständen geführten Schnitten in Geraden getroffen wird. Diese erscheinen in der Aufsicht als radiale Gerade, die um konstante

Winkelintervalle gegeneinander verdreht sind — das Bild der wirbelfreien, zweidimensionalen Strömung von einem Quellpunkt aus.

Besonders klar werden die Verhältnisse für mehrfach zusammenhängende Gebiete.

Es sei z. B. die Membran über einen Stab gespannt, der zu einem ebenen kreisförmigen Ring gebogen ist; ein äußerer Druck sei nicht vorhanden. — Eine Deformation der Membran kommt nicht in Frage: die wirbelfreie Strömung, die vollkommen innerhalb einer einfach zusammenhängenden, geschlossenen Begrenzung verläuft, hat überall die Geschwindigkeit Null. Die Verhältnisse ändern sich, wenn die Membran innerhalb des ersten Kreisringes angepackt wird. Dann ist es möglich, die Angriffsstelle aus der Anfangsebene herauszuheben; diesem Teil wird dadurch ein anderer Wert von f, hydraulisch gedeutet von ψ, zugeordnet, als der äußeren Begrenzung. Man erhält so ohne äußern Druck eine deformierte Membran mit geschlossenen Kurven als Linien gleicher Durchbiegung: hydrodynamisch einer Zirkulation um die innere Angriffslinie entsprechend. Diese kann im extremsten Falle als Punkt, z. B. als Mittelpunkt des ersten Kreises gedacht werden.

Wird die Membran im Innern des Kreisringes an mehreren Stellen gefaßt, so ist es möglich, jeder der Stellen unabhängig von den andern und von der äußeren Begrenzung einen beliebigen Wert von f bzw. von ψ zu geben. Man erhält so einen anschaulichen Begriff von der zunächst beliebig starken Zirkulation um jede einzelne »Insel«, durch die ein gegebener Bereich »mehrfach zusammenhängend« wird.

Jede der beschriebenen ebenen oder durch Deformation der Begrenzung verbogenen Membrane kann auch als Boden eines Gefäßes mit entsprechenden Wandungen gedacht werden. Es ist dann möglich, in diesem Gefäß einen Überdruck zu erzeugen. Die hierdurch entstehende Deformation lagert sich über die ursprünglich vorhandene; dem Vorgang entspricht hydrodynamisch die oben gezeigte Übereinanderlagerung einer Wirbelströmung über eine wirbelfreie.

Fig. 48 kann also gedeutet werden als ein Bild von Horizontalschnitten, die durch eine über den ebenen Sektorrand gespannte und durch einen Überdruck deformierte Membran gelegt sind; Fig. 47 kann als Ringprojektion von Radialschnitten durch die Fläche aufgefaßt werden, bei stark verzerrtem Vertikalmaßstab. Diese beiden Bilder entsprechen der reinen Rotationsströmung. Die Überlagerung der wirbelfreien Radialströmung wird dargestellt, indem der eine begrenzende Radius gegenüber dem anderen gehoben und die äußere Kreisbegrenzung zu einer die Radienendpunkte verbindenden Schraubenlinie gebogen wird. Man kann sich unschwer vorstellen, wie bei verschiedenen Verhältnissen der Rotation, d. h. des Überdruckes, zur Radialströmung, d. h. zur Deformation der Begrenzung, der eine oder der andere Einfluß auf die Gestalt der Membran überwiegt.

Die angegebene Analogie vereinfacht in manchen Fällen die Vorstellung von der in einem Kanal zu erwartenden Strömung; sie zeigt z. B. die Berechtigung der für Fig. 54 getroffenen Annahme, daß das Maximum von ψ im außen offenen Sektor größer ist und auf einem größeren Radius liegt als beim abgeschlossenen Sektor. Auch diese Figur kann als eine Darstellung (in Ringprojektion) einer durch einen Druck deformierten Membran aufgefaßt werden, die, streng genommen, bis ins Unendliche reicht, praktisch auf dem Kreis mit $\varrho = 1{,}16$ eingespannt sein kann; im Innern wird sie von dem radialen Schaufelstern getragen, der gegenüber dem erwähnten Kreis um einen Betrag gehoben werden muß, der dem Unterschied der Stromfunktion für die reine Kreisströmung zwischen den Kreisen mit $\varrho = 1$ und $\varrho = 1{,}16$ entspricht. Der Druck ist dann so zu wählen, daß die deformierte Membran an den Enden der radialen Schaufeln eine horizontale Tangentialebene erhält, entsprechend dem Verlauf der Kurve von ψ für $\varphi = 9^0$. Der Vertikalmaßstab der so gedeuteten Fig. 54 ist selbstredend vielfach überhöht.

Auf diese Weise ist auch eine verhältnismäßig einfache experimentelle Untersuchung der Strömungen für ganz allgemeine Schaufelformen möglich. Die entsprechende Gefäßumrandung und die ausgespannte Membran lassen sich leicht herstellen; die Ausmessung nach der Deformation ist zum mindesten mit einer Genauigkeit, die für technische Zwecke genügt, ohne weiteres möglich.

Bei solchen Versuchen muß allerdings beachtet werden, daß die Gleichung für die gespannte Membran nur gültig ist, solange die Zugspannung konstant und die auftretenden Deformationen und Neigungen klein bleiben; scharfe vorspringende Ecken müssen vermieden werden, da hier die Membran zerstört wird.

V. Zur Ausbildung von Spiralgehäusen.

In vielen Fällen wird die Betriebsflüssigkeit zu den die Energieübertragung vermittelnden Körpern, den Schaufelrädern, durch spiralige Leitvorrichtungen zugeführt, bzw. von ihnen abgeführt. Es sind dies die bekannten Spiralgehäuse der Wasserturbinen und der Zentrifugalpumpen. Sie sammeln z. B. im letzteren Falle die Flüssigkeit auf dem ganzen Umfang des rotierenden Rades und führen sie in einem vereinigten Strom tangential ab.

Für eine günstige Wirkungsweise des rotierenden Rades ist die richtige Ausbildung solcher Gehäuse sehr wichtig. Die praktisch ausgeführten Räder sind sämtlich rings herum symmetrisch; sie werden am vorteilhaftesten arbeiten, wenn ihre Beaufschlagung rings herum ebenfalls vollkommen gleichartig ist, wenn an ihrem Eintritt und Austritt eine Strömung ermöglicht wird, die auf einem Parallelkreis möglichst konstante Geschwindigkeiten und Drücke aufweist. Damit ist der hydraulische Gesichtspunkt für die Formgebung der Spiralgehäuse gegeben; sie sind, wenn nicht andere Rücksichten dadurch verletzt werden, so auszubilden, daß in dem Übergangsgebiete zwischen dem rotierenden Rad und dem Gehäuse eine achsensymmetrische Strömung möglich wird.

Den einfachsten möglichen Fall solcher Gehäuse behandelt R. Lorenz[1]), indem er eine zweidimensionale Strömung zwischen zwei parallelen, zur Achse senkrechten Ebenen annimmt und den Einfluß der hiervon abweichenden Zuströmung der Flüssigkeit zu dem Gehäuse vernachlässigt. Er erhält dabei, da eine Energieänderung nicht mehr erfolgt, als Stromlinien die bekannten logarithmischen Spiralen für konstantes Geschwin-

[1]) Dr. H. Lorenz, Die Spiralgehäuse von Turbinen, Kreiselpumpen usw. Zeitschrift für das gesamte Turbinenwesen, 1907.

digkeitsmoment (s. Kapitel III, Abschnitt 8), von denen er eine in ihrer Erstreckung von dem Eintrittskreise an bis über den ganzen Umfang der Kreisfläche als äußere Begrenzung des Gehäuses ausführt.

Abgesehen von der Vernachlässigung des Einflusses der Zuströmung auf dem innersten Kreis, durch die der für das Laufrad wesentliche Teil des Flüssigkeitsgebietes aus der Betrachtung ausgeschieden wird, ist die erhaltene Gehäuseform sehr speziell und nur in wenigen Fällen anwendbar.

Allgemeinere Formen, die in fast allen praktisch vorkommenden Fällen brauchbare Anhaltspunkte für die Ausbildung des Gehäuses geben können, lassen sich in folgender Weise gewinnen:

In seiner bereits erwähnten Arbeit über Flüssigkeitsströmungen in Rotationshohlräumen hat Prasil darauf aufmerksam gemacht, daß in Rotationshohlräumen von gegebener Form die wirbelfreie Strömung ohne Rotationskomponente ähnlich wie bei der zweidimensionalen Bewegung durch die Angabe von »Stromlinien« in einem Schnitt durch die Achse dargestellt werden kann[1]) (die Stromlinien sind hier Erzeugende von Rotationsflächen, zwischen denen gleiche Flüssigkeitsmengen strömen). Er gibt eine Anzahl Integrale der Kontinuitätsbedingung für diesen Fall an und zeigt auch ein graphisches Verfahren, nach dem bei beliebig gegebenen Begrenzungen solcher Rotationshohlräume die Stromflächen von Strömungen ohne Umfangskomponente gefunden werden können. (S. hierüber auch die zitierten Arbeiten von Mises, Flügel u. a.) Weiter weist er nach, daß in solchen Rotationshohlräumen auch Strömungen mit endlicher Umfangskomponente ohne Veränderung der Stromflächen möglich sind, wenn das Moment dieser Umfangskomponente konstant, sie selber also umgekehrt proportional dem Radius ist.

Eine Strömung in einem Rotationshohlraum ist also bei konstantem Geschwindigkeitsmoment als bekannt anzusehen; sie ist naturgemäß achsensymmetrisch und hat konstante Energie.

---

[1]) S. hierzu auch Lamb, Hydrodynamik, § 94.

Hieraus ergibt sich bereits die beabsichtigte Formgebung für Spiralgehäuse und spiralige Leitvorrichtungen:

Im Anschluß an die Rotationsflächen, die die Begrenzung des schaufelfreien Spaltes vor oder hinter dem Rade bilden, werden die Wandungen des Spiralgehäuses ebenfalls als Rotationsflächen ausgeführt, die man sich zunächst eine beliebige größere Strecke weit ausgeführt denken kann. In den hierdurch gebildeten Rotationshohlraum ergießt sich (am Austritt des Rades; für den Eintritt gelten die Ausführungen sinngemäß) die Flüssigkeit, die von dem rotierenden Rade gefördert wird, mit konstantem Geschwindigkeitsmoment; diese Strömung ist nach dem Obigen als bekannt anzusehen. Die Meridiankomponente ihrer Geschwindigkeit ergibt sich aus der Durchflußmenge und der Wandungsform nach einem der erwähnten Verfahren, die Umfangskomponente aus Geschwindigkeitsmoment und Radius.

In der Nähe des Rades wird jetzt von einer der beiden begrenzenden Rotationsflächen zur andern eine zunächst beliebige Leitkurve gezogen, die sich von einem bestimmten Augenblick ab »mit der Flüssigkeit« bewegen soll, indem ihre einzelnen Elemente stets mit den Teilchen verbunden bleiben sollen, mit denen sie es im Anfang ihrer Bewegung waren. Diese Kurve wird bei ihrer Bewegung ständig von einer der Rotationsflächen zur andern verlaufen und dabei eine spiralige Fläche beschreiben, die aus lauter Stromlinien (hier wegen der stationären Strömung zugleich Strombahnen) besteht und deswegen — bei reibungsfreier Flüssigkeit — ohne Beeinflussung der Strömung materiell ausgeführt werden kann. — Die Stromlinien können leicht graphisch gefunden werden, da ihre Neigung an jeder Stelle durch Umfangs- und Meridiankomponente der Geschwindigkeit gegeben ist. — Hat die Leitkurve dieser Spiralfläche von ihrer Anfangslage aus gerechnet, einen Winkel größer als 360^0 durchlaufen, so ist zusammen mit den Rotationsflächen ein vollständiges Spiralgehäuse entstanden, das die gesamte geförderte Flüssigkeitsmenge aufgenommen hat, und in dessen Innern eine vollkommen bekannte achsensymmetrische Strömung besteht.

Durch die Annahme der Form für die Rotationsflächen und für die davon unabhängige der Leitkurve hat man eine große Anzahl von Möglichkeiten an der Hand. Zweckmäßig wird man von der »theoretisch« sich ergebenden Form zu der gegebenen des Anschlußstutzens erst übergehen, wenn der von der Leitkurve durchlaufene Winkel etwas größer als 360⁰ ist.

Eine Änderung der Leitkurve unmittelbar an dem schaufelfreien Spalt hat eine Änderung der gesamten Begrenzungskurven zwischen den Rotationsflächen zur Folge; es kann also rückwärts aus der gegebenen Form beim Anschluß an den Austrittsstutzen auf die Form des Anfangs der Gehäusebegrenzung, der sogenannten Zunge, geschlossen werden.

Wird die Begrenzung bei gegebenen Rotationsflächen anders ausgeführt, als sich nach der angegebenen Vorschrift ergibt, so wird die Strömung in dem Spiralgehäuse zwar immer noch wirbelfrei verlaufen. In dem Raum unmittelbar hinter oder vor dem rotierenden Rad kann sie aber nicht mehr achsensymmetrisch sein; das Laufrad wird auf verschiedenen Teilen seines Umfangs verschiedene Druck- und Geschwindigkeitsverhältnisse erhalten. Es ist anzunehmen, daß dies auf die Verluste ungünstig einwirkt, in welchem Maße, läßt sich allgemein nicht angeben.

Durchgearbeitete Beispiele zeigen, daß die meisten der in normaler Weise angeführten Spiralgehäuse zu eng sind, daß also in den meisten Fällen die Schaufelräder nicht gleichmäßig beaufschlagt sind. Dies gilt ebenso für Turbinen wie für Pumpen. Ausgeführte Messungen an einer großen Dockpumpe bestätigen diese Vermutung.

Bei großen Wassermengen, kleinen Förderhöhen und hohen Drehzahlen erhalten Zentrifugalpumpen am Austritt eine im Verhältnis zur Meridiangeschwindigkeit kleine Umfangskomponente; die angegebene Art der Formgebung kann dann leicht auf Dimensionen führen, die aus andern Gründen unausführbar sind. Die Technik hat dann die notwendigen Kompromisse zu schließen und, wie in den meisten Fällen, bei einer großen Zahl von einander widersprechenden Forderungen in ungefähr künstlerischer Weise die beste oder am wenigsten schlechte Ausführungsform zu finden.

Die stets vorhandenen Einflüsse der Reibung sind auch bei derartigen Spiralgehäusen in der bekannten Weise zu berücksichtigen. Scharfe Ecken sind auszurunden, unnötig lange Strecken mit hohen Geschwindigkeiten sind zu vermeiden.

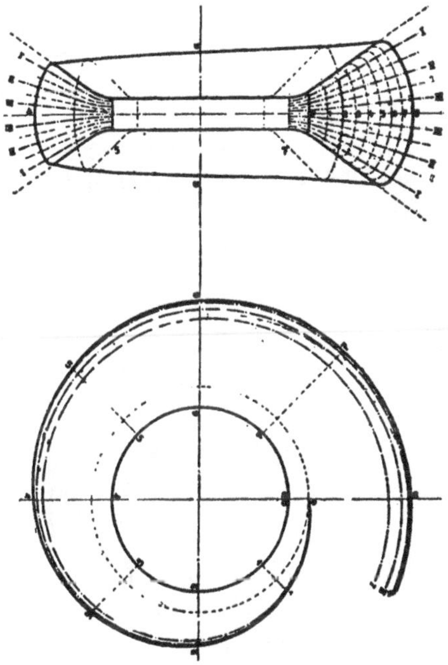

Fig. 60.

In den äußeren Partien der Gehäuse können leicht starke Verzögerungen entstehen, von der unvermeidlichen Krümmung des Kanals herrührend. Auf diese ist mit besonderer Vorsicht zu achten; in besonders extremen Fällen können durch die an der Wand in der Grenzschicht auftretenden Vorgänge Wirbelungen, verbunden mit Rückströmungen auftreten, die den ganzen Zweck der Gehäuse illusorisch machen. Allgemein gültige Regeln lassen sich für die Berücksichtigung dieser Verhältnisse nicht angeben.

Die schließlich ausgeführte Gehäuseform kann, wie der Gedankengang für ihre Ausbildung zeigt, die beabsichtigte Wirkung voll nur für ein bestimmtes Verhältnis von Geschwindigkeitsmoment zu Durchflußmenge haben, d. h. für eine hierdurch bestimmte Parabel des normalen Q-H-Diagramms

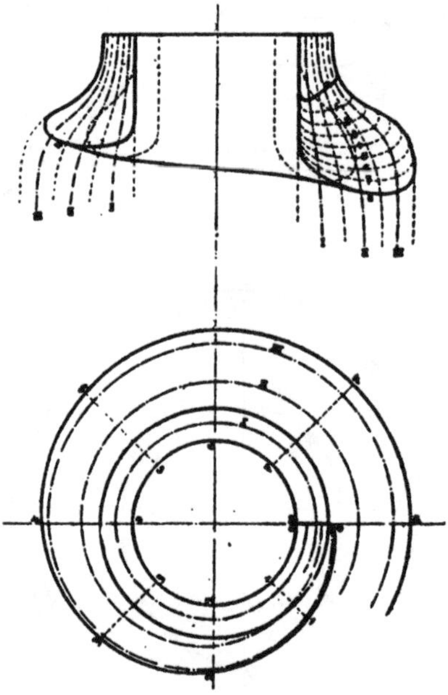

Fig. 61.

für Zentrifugalpumpen. Für abweichende Betriebsverhältnisse ist es dann entweder zu reichlich oder zu knapp bemessen; in beiden Fällen arbeitet das umschlossene Schaufelrad mit ungleichmäßiger Beaufschlagung. Die äußere Begrenzungsfläche zwischen den beiden Rotationsflächen wirkt eben als eine große Leitschaufel, die in der beabsichtigten Weise nur unter den Verhältnissen arbeitet, für die sie bemessen ist.

Für die Modelltischlerei und Gießerei sind die angegebenen Spiralgehäuse gut ausführbar, da sie aus Rotationskörpern herausgearbeitet werden; wie weit sie für Typenserien, bei denen sie unter verschiedenen Verhältnissen arbeiten müssen, vorteilhaft sind, kann nur die Erfahrung lehren. Auf alle Fälle ist durch die vorgeschlagene Formgebung ein Mittel zur Kontrolle geplanter Ausführungen gegeben.

Die neuartige Gehäuseform ist zum D. R. P. angemeldet.

Fig. 60 und 61 zeigen zwei auf diese Weise bestimmte Gehäuseformen für ein Geschwindigkeitsmoment von $c^u r = 4 \frac{\mathrm{m}^2}{\mathrm{sec}}$ bei einer Durchflußmenge von $Q = 0{,}5 \frac{\mathrm{m}^3}{\mathrm{sec}}$. Die Stromflächen innerhalb der begrenzenden Rotationsflächen sind durch graphische Integration gefunden, ebenso die Form der einzelnen resultierenden Stromlinien, und damit nach Annahme einer Leitkurve an einer Stelle die gesamte Gehäusebegrenzung.

Die Figuren zeigen die Anwendbarkeit der Methode auch auf ungewöhnlichere Formen. Vielleicht geben sie den Anstoß zu einer Verwendung spiraliger Leitvorrichtungen auch in solchen Fällen, in denen sie bis jetzt wegen der unsicheren Beherrschung der Verhältnisse trotz mancher konstruktiver Vorteile vermieden worden sind.

Die Figuren 60 und 61 sind von Herrn Dr. R. Müller, seit einigen Jahren Leiter der theoretischen Abteilung des mir unterstellten Büros, entworfen; ich verdanke ihm in dieser sowie auch in andern Angelegenheiten der gemeinsamen Arbeit manche wertvolle Anregung.